Sebastian Schwarz

Dispersionsverstärkte Sinterstähle hergestellt über Field Assisted Sintering

Schriftenreihe des Instituts für Keramik im Maschinenbau
IKM 58
Institut für Keramik im Maschinenbau
Karlsruher Institut für Technologie

Dispersionsverstärkte Sinterstähle hergestellt über Field Assisted Sintering

von
Sebastian Schwarz

KIT Scientific Publishing

Dissertation, Karlsruher Institut für Technologie
Fakultät für Maschinenbau,
Tag der mündlichen Prüfung: 17.12.2010

Impressum

Karlsruher Institut für Technologie (KIT)
KIT Scientific Publishing
Straße am Forum 2
D-76131 Karlsruhe
www.ksp.kit.edu

KIT – Universität des Landes Baden-Württemberg und nationales
Forschungszentrum in der Helmholtz-Gemeinschaft

KIT Scientific Publishing 2011
Print on Demand

ISSN: 1436-3488
ISBN: 978-3-86644-685-4

Dispersionsverstärkte Sinterstähle hergestellt über Field Assisted Sintering

Zur Erlangung des akademischen Grades

eines

Doktors der Ingenieurwissenschaften

von der Fakultät für Maschinenbau des

Karlsruher Institut für Technologie (KIT)

genehmigte

Dissertation

von

Dipl.- Ing. Sebastian Schwarz

aus Wiesbaden

Tag der mündlichen Prüfung: 17.12.2010

Hauptreferent: Prof. Dr. rer. nat. M. J. Hoffmann

Korreferent : Prof. Dr. rer. nat. A. Wanner

Vorwort

Die vorliegende Arbeit entstand während meiner Tätigkeit als wissenschaftlicher Mitarbeiter am Institut für Keramik im Maschinenbau (IKM) des Karlsruher Institut für Technologie (KIT). Das von mir bearbeitete Projekt war Teil des BMBF Projektes „HPMat“, welches in Kooperation mit der Hochschule Aalen und den Unternehmen Robert Bosch GmbH und FCT Systeme GmbH durchgeführt wurde.

Mein besonderer Dank gilt Herrn Prof. Dr. M. J. Hoffmann, dafür, dass er mir die Möglichkeit gab, diese Arbeit an seinem Institut durchführen zu können. Das in mich gesetzte Vertrauen und die große Freiheit waren für mich sehr förderlich.

Weiterhin möchte ich Herrn Prof. Dr. A. Wanner für das Interesse an meiner Arbeit und die Übernahme des Korreferats danken.

Darüber hinaus möchte ich mich herzlich bei Herrn Dr. Oberacker für seine vielen Erklärungen, konstruktiven Anregungen und Diskussionen bedanken.

Herrn S. Reymann von der HTW Aalen danke ich für die Durchführung der tribologischen Untersuchungen.

Für das Gelingen meiner Arbeit war das sehr angenehme Arbeitsklima am Institut sehr wichtig, wofür ich mich bei meinen Kollegen am Institut sehr herzlich bedanken möchte. Tatkräftige Unterstützung erfuhr ich durch meine studentischen Hilfskräfte Michael Haas und Petra Wölfle sowie meinen Studienarbeitern Claudius Wörner und Jens Schwenteck.

Für die Unterstützung in der experimentellen Umsetzung möchte ich mich besonders bei Herrn D. Creek und Herrn R. Müller bedanken.

Zudem möchte ich mich noch ganz besonders bei meiner Frau Dorothee bedanken, die mir immer mit Geduld und großer Zuversicht beiseite stand.

Ganz besonderer Dank gilt auch meinen Geschwistern und vor allem meinen Eltern, die mich während meiner gesamten Ausbildung stets unterstützt haben.

1 Einleitung

Maraging Stähle sind seit Anfang der 1960er Jahre für ihre gute Kombination aus sehr hoher Festigkeit, Duktilität und Zähigkeit bekannt. Dabei erreichen sie diese Eigenschaften durch eine sehr einfache Wärmebehandlung, die ohne Abschrecken durchgeführt werden kann. Die sehr guten Eigenschaften entstehen durch die Bildung feinster intermetallischer Ausscheidungen in einer duktilen Matrix. Für tribologische Anwendungen ist diese Stahlsorte nur bedingt geeignet, da die feinen Ausscheidungen kaum Widerstand gegen Verschleiß bieten. Heutzutage wird in vielen Anwendungen den eingesetzten Werkstoffen aber eine Kombination aus hoher Festigkeit, Zähigkeit und gutem Verschleißwiderstand abverlangt. Beispiele dafür sind höchstbelastete Lager, Werkzeuge oder Komponenten in Verbrennungsmotoren. Eine Lösung für dieses Problem bieten Verbundwerkstoffe. Speziell partikelverstärkte Metallmatrix- Komposite bieten hier eine kostengünstige Möglichkeit, durch geeignete Wahl des Matrix-, Partikelmaterials, der Partikelform, - größe und des Volumenanteils dieser Verstärkungsphase gewünschte Eigenschaftskombinationen einzustellen. Durch die Kombination eines höchstfesten, duktilen Stahls mit Keramikpartikeln sollen Werkstoffe mit gutem Verschleißwiderstand, hoher Festigkeit und guter Duktilität möglich werden [1].

Ziel dieser Arbeit war es, einen Verbundwerkstoff zu entwickeln, dessen tribologische Eigenschaften deutlich besser sind als die des Matrixmaterials bei immer noch sehr guten Festigkeiten und Risszähigkeiten. Dazu wurden zunächst Untersuchungen mit dem weit verbreiteten Wälzlagerstahl 100Cr6 und den Hartstoffen ZrO_2, WC, und TiC durchgeführt. Diese Ergebnisse sollten vor allem ein Maßstab für das Verschleißverhalten der 18Ni350 Varianten bieten. Des Weiteren sollten auch die Erfahrungen aus den Untersuchungen zur Verträglichkeit von Eisen und Hartstoff schon Hinweise auf das deutlich komplexere Legierungssystem des Maraging Stahls geben. Als Verstärkungsphase wurden hier ZrO_2- und Al_2O_3- Partikel verwendet, da Kohlenstoffverunreinigungen hier zu vermeiden sind.

Eine weitere Herausforderung dieser Arbeit war die pulvermetallurgische Herstellung der Materialien. Die Pulvermetallurgie (PM) bietet vor allem im Bereich der Kompositmaterialien die Möglichkeit, homogene Gefüge einzustellen, die, auch aufgrund von Reaktionen zwischen den unterschiedlichen Materialien, im schmelzmetallurgischen Prozess so nicht möglich sind. Allerdings sind pulvermetallurgisch hergestellte Werkstoffe zumeist in Bezug auf ihre Duktilität und Zähigkeit den schmelzmetallurgischen Varianten unterlegen, da Oxidhäute an den Partikeloberflächen während des Sinterprozesses nicht vollständig entfernt werden und zu einer Versprödung führen. Um dies zu vermeiden, wird oft ein zusätzlicher Prozessschritt eingeführt, der durch plastische Umformung diese Oxidhäute aufbricht.

Durch die Verwendung der noch jungen Field Assisted Sintering Technologie (FAST) sollte untersucht werden, ob es auch ohne plastische Verformung möglich ist, die mechanischen Eigenschaften der geschmiedeten Stahlsorten zu erreichen. Des Weiteren war von Interesse herauszufinden, ob es die kurzen Prozesszeiten und niedrigen Prozesstemperaturen ermöglichen, Werkstoffe zu kombinieren, die bei konservativen Verdichtungsmethoden aufgrund von thermodynamischen Instabilitäten nicht möglich sind.

2 Kenntnisstand

2.1 Pulvermetallurgie

Die Pulvermetallurgie stellt einen kleinen, aber wichtigen Teil der Metallurgie dar. Dabei werden Halbzeuge oder Endteile durch Pressen und Sintern von Pulvern oder Pulvermischungen hergestellt. Es ergeben sich im Vergleich zu anderen Prozessrouten folgende Vorteile [2]:

- Materialersparnis durch endkonturnahe Fertigung
- Kostengünstige Produktion von komplex geformten Großserienteilen (MIM)
- Herstellung hoch- oder höchstschmelzender Metalle
- Kombination von Materialien, die in der Schmelzmetallurgie nicht möglich sind
- Sehr homogene Gefüge- Vermeiden von Seigerungen und Lunkern

Allerdings ergeben sich durch die pulvertechnische Verarbeitung auch Nachteile, wie z. B. das Erzeugen innerer Grenzflächen, die zu schlechteren mechanischen Eigenschaften führen. Diese Grenzflächen können oft nur durch Umformen wieder beseitigt werden. Eine weitere Ursache für mögliche Verschlechterungen der mechanischen Eigenschaften sind im Gefüge verbleibende Poren. Außerdem von Nachteil sind die zum Teil hohen Kosten für Pulver und/oder Werkzeuge.

Die pulvertechnische Herstellung läuft im Allgemeinen in den Schritten Kompaktieren und Sintern ab. Dabei können diese Schritte auch zu einem kombiniert werden (Heißpressen, Heißisostatpressen) [2]. Ausgangspulver sind entweder Elementpulver, Pulvermischungen oder vorlegierte Pulver. Das Sintern des Pulverpresslings (Grünling) führt zu einer Zunahme der Dichte und vor allem bei Pulvermischungen zur Homogenisierung der Zusammensetzung. Damit verbunden ist aber auch eine Schrumpfung des Formteils, was zu Problemen bei Einhaltung von Bauteilabmessungen führen kann. Der Sinterprozess und die Schrumpfung werden dabei vor allem von den Faktoren Temperatur, Zeit, Partikelgröße der Pulver und Druck, bzw. Gründichte, beeinflusst [3]. Um die Schrumpfung bei möglichst hoher Enddichte so klein wie möglich zu halten, ist eine hohe Gründichte erforderlich. Bei duktilen Metallpulvern sind durch geeignete Pressverfahren Gründichten von über 90 % machbar [2]. Innerhalb eines Werkstücks kann es durch lokale Unterschiede des Drucks zu unterschiedlichen Dichten kommen, was später bei der Sinterung aufgrund von unterschiedlicher Schrumpfung zu Verzug und Rissen führen kann. Daher werden für eine bessere Verpressbarkeit oft Presshilfsmittel verwendet, die die Reibung im Pulver und am Werkzeug minimieren und somit Druckunterschiede herabsetzen.

2.1.1 Festphasensintern

Über die Vorgänge in unterschiedlichen Verdichtungsmethoden und -phasen gibt es ausführliche Literatur [3]. Beim Festphasensintern kommt es durch Umlagerung und Teilchenannäherung zu einer Abnahme der Porosität, wobei die Teilchenannäherung der dominierende Prozess ist [4]. Die Triebkraft für die Verdichtung ist die Reduktion der Oberflächenenergie durch Abbau der inneren Teilchenoberflächen. Das Zwei- Kugel-Modell erklärt das erste Stadium der Verdichtung. Dieses Modell geht von zwei sich berührenden, kugelförmigen Pulverteilchen aus (Abbildung 2-1). Zuerst kommt es zu einer Kontaktbildung und zur Ausbildung so genannter Sinterhälse zwischen den Partikeln. Unterschiedliche Krümmungen der Oberfläche führen zu unterschiedlichen Spannungen unter der Oberfläche. Dies lässt sich beschreiben durch:

$$\Delta p = \gamma * \left(\frac{1}{r_1} + \frac{1}{r_2} \right) \qquad \text{Gleichung 1.1}$$

Wobei r_1 und r_2 die Radien der jeweiligen Punkte mit Bereichen unterschiedlicher Oberflächenwölbung sind und γ die spezifische Oberflächenenergie bezeichnet.

Konvexe Oberflächen führen zu Druckspannungen, während konkave Oberflächen Zugspannungen verursachen. Dadurch entstehen im Bereich des Sinterhalses Zugspannungen und Leerstellenüberschuss, unter der konvexen Partikeloberfläche entstehen Druckspannungen und Leerstellenmangel. Diese

Leerstellendifferenz gleicht sich aus, was zu einem Materialtransport in die entgegen gesetzte Richtung hin zum Sinterhals führt (Abbildung 2-2 Volumendiffusion a, Oberflächendiffusion b). Der Kontaktbereich wächst dadurch an und die Kontaktfläche vergrößert sich. Dies führt zur Vergröberung der Körner. Eine Annäherung der Partikelzentren, und damit Verdichtung, findet aber erst statt, wenn Teilchen aus dem Bereich zwischen den Partikelzentren wegtransportiert werden, wie es die Pfade c und d zeigen (Abbildung 2-2 Korngrenzdiffusion c und Volumendiffusion d). Von den genannten Diffusionswegen ist die Oberflächendiffusion der schnellste und die Volumendiffusion der langsamste, da die Aktivierungsenergie zur Bewegung an der Oberfläche geringer ist als im Volumen. Ein weiterer Mechanismus des Materialtransports ist Verdampfung und Kondensation. An konvexen Oberflächen verdampfen aufgrund des höheren Dampfdrucks die Metallatome und kondensieren wieder an stark gewölbten, konkaven Oberflächen [5].

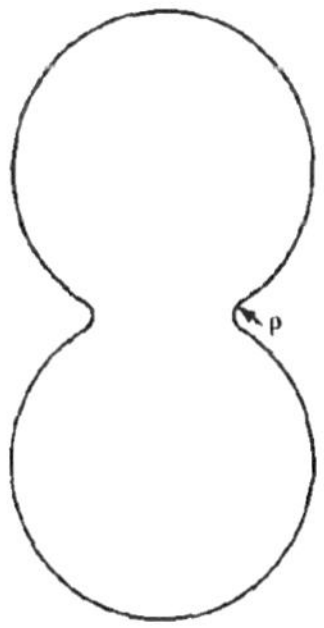

Abbildung 2-1 Zwei- Kugel- Modell [3]

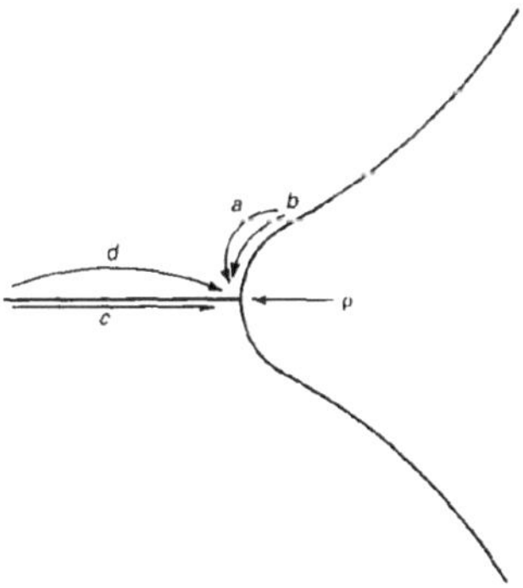

Abbildung 2-2 Sinterhals mit Diffusionswegen a und d: Volumendiffusion; b Oberflächendiffusion; c Korngrenzdiffusion

Das zweite, so genannte Zwischen- Stadium des Festphasensinterns umfasst den größten Teil der Schwindung und beinhaltet auch schon beginnendes Kornwachstum. Dieses Stadium ist nicht mehr durch ein Zwei- Kugel- Modell beschreibbar, da bei der Schrumpfung die Interaktion mehrerer benachbarter Körner und das dazwischen liegende Porennetzwerk eine große Rolle spielen.

Ein Modell für diesen Sinterzustand liefert Coble [6], indem er die Poren schlauchförmig entlang der benachbarten Körner annimmt. Die Partikel werden dabei als Polygone beschrieben. Durch die weitere Annäherung oder das Wachstum der Körner werden diese Kanäle enger, bis schließlich die Kanäle geschlossen werden und nur noch in den Eckpunkten Poren bleiben. Bei metallischen Materialien kann auch ohne Anbringung äußerer Kräfte an den Partikelkontakten die Versetzungsdichte deutlich zunehmen. Dadurch steigt die Zahl der Kristallbaufehler und Diffussion wird begünstigt [7]. Der Porenabschluss geschieht meist bei einer Restporosität von 5- 10 % und markiert den Übergang zum Endstadium des Sinterns.

Im Endstadium des Sinterns kommt es nur noch zu geringer Schwindung. Es tritt vermehrt Kornwachstum und durch Zusammenschluss von Poren auch Porenvergröberung auf. Durch Kornwachstum wandern Poren auch ins Korninnere, so dass sich die Poren jetzt abgeschlossen in Kornzwickeln, an Korngrenzen oder im Korninneren befinden. Die Schwindung der Poren hängt hauptsächlich von Korngrenz- oder Volumendiffusion ab.

2.1.2 Aktiviertes Sintern

Die genannten Mechanismen während der Verdichtung lassen sich durch unterschiedliche Maßnahmen beschleunigen. Durch eine Erhöhung der Defektdichte oder Modifikation der Grenzflächen lässt sich oft eine deutliche Verbesserung der Sinteraktivität bewirken (Abbildung 2-3, Abbildung 2-4 [3]). Bei metallischen Pulvern bewirkt eine Steigerung des Pressdrucks eine höhere Gründichte, größere Kontaktflächen und eine höhere Versetzungsdichte. Zudem kann eine Druckanwendung während des Sinterns zu einer deutlichen Verbesserung der Enddichte führen. Dabei treten durch die entstehende Spannung zusätzliche Verdichtungsmechanismen auf. Zuerst kommt es durch die geringe Kontaktfläche der Partikel untereinander zu sehr hohen Spannungen im Kontaktbereich. In Folge vergrößert sich durch plastisches Fließen die Kontaktzone und die lokalen Spannungen nehmen ab. Durch die Annäherungen der Partikel kommt es zu einer Verdichtung. Bei ausreichend hoher Temperatur reicht die Spannung aber noch aus, um im Kontaktbereich

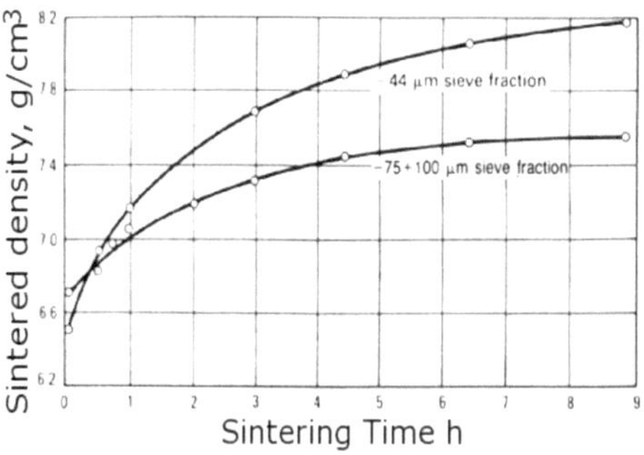

Abbildung 2-3 Einfluss der Partikelgröße auf die Sinterdichte (gemessen an Kupferpartikeln)

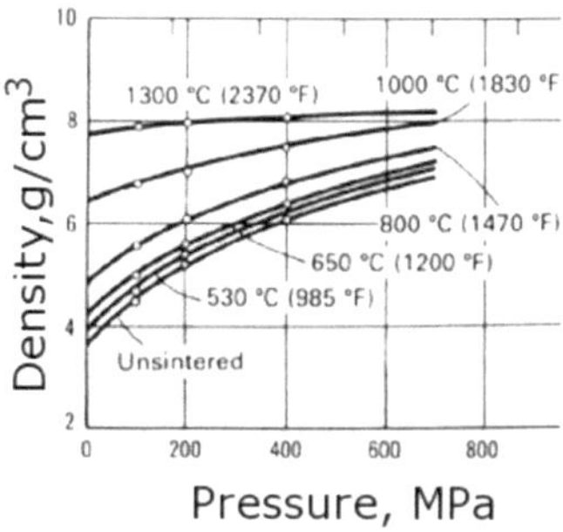

Abbildung 2-4 Einfluss des Pressdrucks der Grünlinge auf die Sinterdichte (gemessen an Nickelpulver)

Kriechvorgänge zu ermöglichen. Mit weiter ansteigender Dichte nimmt auch die Spannung in den Kontaktbereichen ab und nähert sich der von außen angelegten Spannung. Dann ist zumeist Diffusion der vorherrschende Mechanismus zur Verdichtung (Abbildung 2-5).

Aus diesen Annahmen lassen sich für unterschiedliche Materialien „Karten" erstellen, die zeigen, welche Mechanismen hauptsächlich zu unterschiedlichen Stadien der Verdichtung beitragen. Eine solche Karte ist in Abbildung 2-6 dargestellt. Es ist zu erkennen, dass mit steigendem äußerem Druck das plastische Fließen und die Verdichtung durch Kriechen bis zu höheren Dichten wirksam sind.

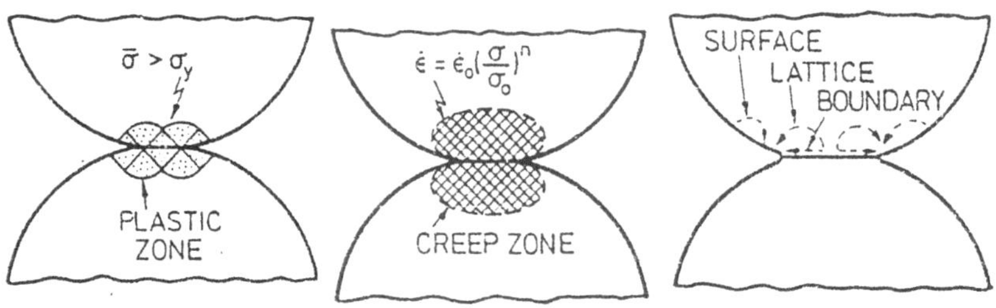

Plastisches Fließen Kriechen Diffusion

Abbildung 2-5 Verdichtungsmechanismen beim druckunterstützten Verdichten [8]

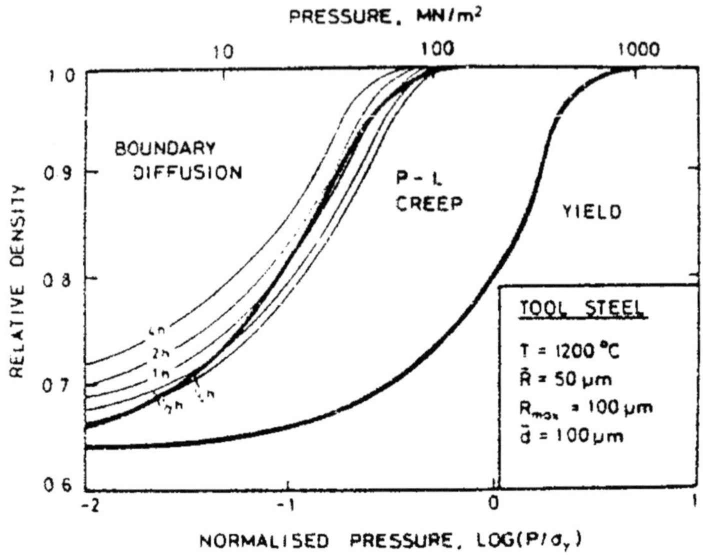

Abbildung 2-6 Sinterkarte für Werkzeugstahl [9]

2.2 Maraging Stahl

Maraging Stähle sind hochlegierte Stähle mit einer sehr guten Kombination der Eigenschaften Festigkeit und Bruchzähigkeit. Außerdem zeichnet sich der Stahl durch eine sehr einfache und fast verzugsfreie Wärmebehandlung aus. Die Hauptlegierungselemente dieser Stähle sind Ni, Co, Mo und geringe, aber wichtige Titananteile [10]. Der Kohlenstoffgehalt muss dabei so niedrig wie möglich gehalten werden und stellt eine Verunreinigung dar. Maraging Stähle bilden auch bei langsamen Abkühlraten einen weichen Nickelmartensit. Dieser kann, ohne Rückumwandlung zu Austenit, bei Temperaturen von 425 °C bis 510 °C für 1- 6 h ausgelagert werden, wobei feinste intermetallische Ausscheidungen entstehen, die zu sehr hohen Festigkeiten führen. Der Name des Stahls leitet sich aus dieser Auslagerung im martensitischen Zustand ab (**Mar**tensit + **Aging** (Auslagern)). In der Zwischenzeit haben sich Legierungen mit etwa 18 % Ni durchgesetzt. Dabei sind unterschiedliche Festigkeitsstufen erhältlich, die nach der Zugfestigkeit in ksi (**k**ilo pound force per **s**quare **i**nch) benannt sind. Kommerziell erhältlich sind Varianten zwischen 200 ksi (1380 MPa) und 350 ksi (2400 MPa) mit den unten aufgeführten Zusammensetzungen. Aus dem Nickelgehalt und der Festigkeit ergibt sich der Name der jeweiligen Variante (z. B. 18 % Ni und 300 ksi: 18Ni300). Auch Co-freie Qualitäten sind verfügbar.

Variante	Ni	Co	Mo	Ti	Al	Fe
18Ni200	18	8,5	3,3	0,2	0,1	Rest
18Ni250	18	7,75	5	0,4	0,1	Rest
18Ni300	18	9	5	0,65	0,1	Rest
18Ni350	18	12,5	4,2 (4,8)	1,6 (1,4)	0,1	Rest
18Ni Cast	18	10	4,6	0,3	0,1	Rest

Tabelle 1 Typische Zusammensetzungen der unterschiedlichen 18Ni- Maraging Stahl Varianten

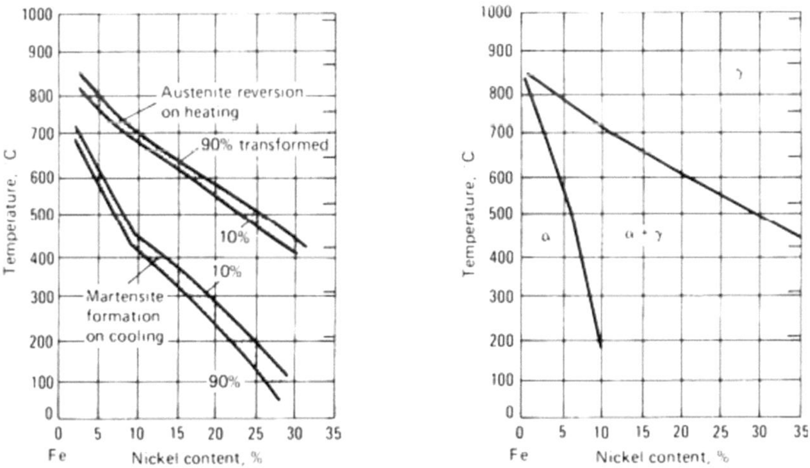

Abbildung 2-7 Fe-Ni Diagramm, metastabil (links), stabil (rechts) [11]

2.2.1 Phasenumwandlung und Ausscheidungsbildung in Maraging Stahl

Die Martensitbildung in Maraging Stählen geschieht nahezu unabhängig von der Abkühlgeschwindigkeit. Dabei spielt Nickel eine entscheidende Rolle, da dieser ein starker Austenitbildner ist und bei 18 % in Kombination mit den anderen Legierungselementen (vor allem Co) die γ-Phase bis hin zu Temperaturen um 200 °C stabilisiert (Abbildung 2-7). Bei einer weiteren Abkühlung ist die Diffusion im Stahl zu gering, um eine diffusionsgesteuerte Umwandlung in die α- Phase zu ermöglichen. Daher erfolgt die Umwandlung durch eine kooperative Scherbewegung. In die kfz- Zelle kann eine tetragonal verzerrte Zelle hineingelegt werden, die dann durch eine Stauchung in a_3 und Streckung in a_2 und a_1 in eine krz- Zelle überführt werden kann. Falls Kohlenstoff im Eisen gelöst ist, besetzt dieser die Oktaederlücken im krz- Gitter und bewirkt dadurch eine bleibende Verzerrung in a_3 Richtung, was zu einer tetragonalen Struktur führt. Die erreichbare Härte im Martensit hängt stark vom Kohlenstoffgehalt ab und folgt der Beziehung [12]

$$Härte = 35 + 50 * (Masse - \%C) \pm 2[HRC] \qquad \text{Gleichung 1.2}$$

Dabei wird die erreichbare Härte abgeschätzt durch die Grundhärte des reinen Eisenmartensits (35 HRC) und einen Anteil, der linear mit dem Kohlenstoffgehalt zunimmt. Dieser behindert durch die tetragonale Verzerrung die Versetzungsbewegung und trägt so zur Härtesteigerung bei. Kohlenstofffreier Martensit erreicht damit nur eine Härte von 35 HRC (328 HV10). Fe- Ni bildet einen Substitutionsmischkristall und ein krz- Gitter, da keine Interstitionsatome die Elementarzelle verzerren. Aus diesem Grund ist auch der Nickelmartensit im Vergleich zum Kohlenstoffmartensit mit einer Härte von ca. 300 HV10 relativ weich. Durch die Verzerrung bei der Umwandlung entstehen Spannungen, die entweder durch Gleiten oder Zwillingsbildung abgebaut werden können [13].

Die Martensitstarttemperatur M_s kann durch Legierungselemente beeinflusst werden. Trotzdem bleibt die Martensitbildung unabhängig von der Abkühlgeschwindigkeit. Ein Grund für die Zugabe von Co ist die Erhöhung der Martensitstarttemperatur (M_s), um den Legierungsgehalt an Ti und Mo weiter erhöhen zu können, die bei der Auslagerung die Ausscheidungen Ni_3Ti und Ni_3Mo bilden. Co verringert zudem die Löslichkeit der anderen Legierungselemente und führt dadurch zu einer schnelleren Ausscheidungsbildung. Die M_s für Maraging Stahl liegt meist zwischen 200 und 300 °C.

Bei dem entstehenden Martensit handelt es sich um kubisch raumzentrierten Lattenmartensit, der eine sehr hohe Versetzungsdichte und keine Zwillingsbildung aufweist. Die hohe Versetzungsdichte ist wichtig für die spätere Ausscheidungsbildung, da Versetzungen als Keime dienen können.
Aufgrund der in Abbildung 2-7 gezeigten Hysterese in der Umwandlung der α- und γ- Phasen ist es möglich den Stahl auszulagern, ohne dass nennenswerte Anteile des Martensits in Austenit umwandeln.
Die durch die Martensitumwandlung entstandenen Versetzungen wirken als Keime für die Bildung der Ausscheidungen. Durch die hohe Anzahl an Keimstellen bilden sich sehr viele kleine, stäbchenförmige Ausscheidungen von 50-130 nm Länge und 2,5- 16 nm Breite. Die dabei entstehenden Ausscheidungsphasen wurden bisher von unterschiedlichen Autoren untersucht, die sich über die genaue Art der intermetallischen Phasen nicht einig sind. Es werden vor allem Ni_3Ti, Ni_3Mo und Fe_2Mo erwähnt [14, 15]. Wie in Abbildung 2-8 zu erkennen, sind diese Ausscheidungen kohärent und führen zu einer Verzerrung der Matrix. Dadurch kommt es, wie in Abbildung 2-9 dargestellt, zu einer deutlichen Härte- und Festigkeitssteigerung. Abbildung 2-10 zeigt die Entstehung der unterschiedlichen Ausscheidungsphasen in Abhängigkeit von Temperatur und Auslagerungszeit bei 18Ni350 Maraging Stahl. Dabei sind neben den schon erwähnten Phasen $Ni_3(Mo, Ti)$ und Fe_2Mo auch die metastabilen Zwischenphasen S und ω gezeigt, die sich bei weiterer Auslagerung zugunsten der anderen Phasen wieder auflösen. Bei längeren Auslagerungszeiten wachsen die Ausscheidungen an und es kommt durch die Bildung Fe-reicher Phasen zu lokal hohen Ni- Gehalten, was zu einer Austenitumwandlung führen kann, so dass hier zum klassischen Überalterungsprozess auch die Austenitbildung zur Abnahme der Härte und Festigkeit beiträgt. Austenit ist allerdings nicht immer ungewollt, da durch ein gezieltes Einstellen des Austenitgehalts die Duktilität verbessert werden kann [16].
Um die genannten Ausscheidungsreaktionen nicht zu behindern, ist ein sehr niedriger Kohlenstoffgehalt notwendig, da es ansonsten zur Bildung von Ti- oder Mo- Karbiden kommt, welche Versprödung verursachen [17].

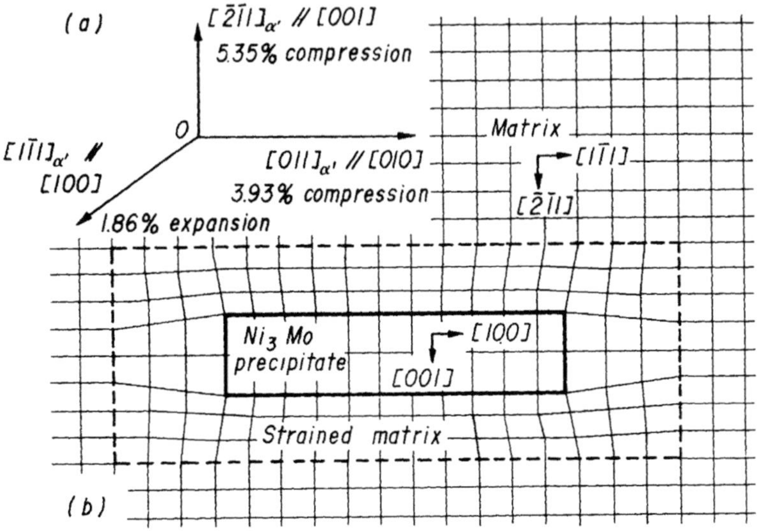

Abbildung 2-8 Ausscheidungen in 18Ni350 Maraging Stahl [18]

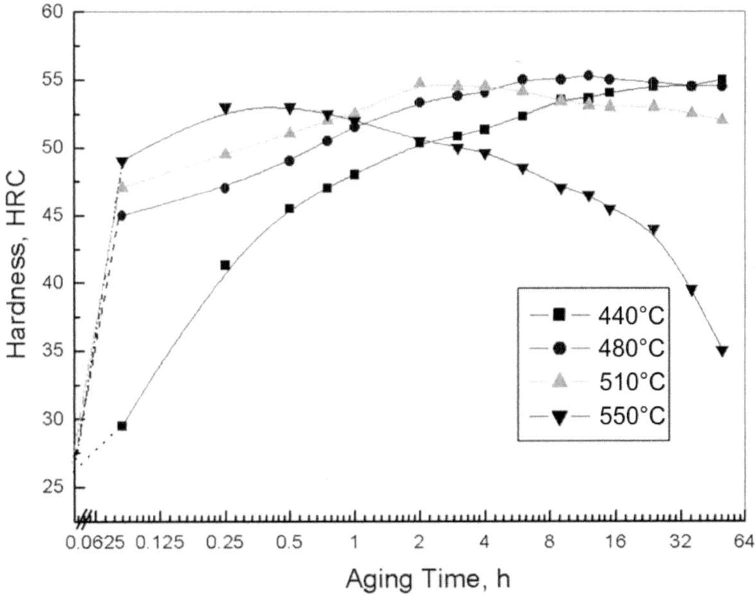

Abbildung 2-9 Auslagerungsschaubild von kobaltfreiem 18Ni200 [19]

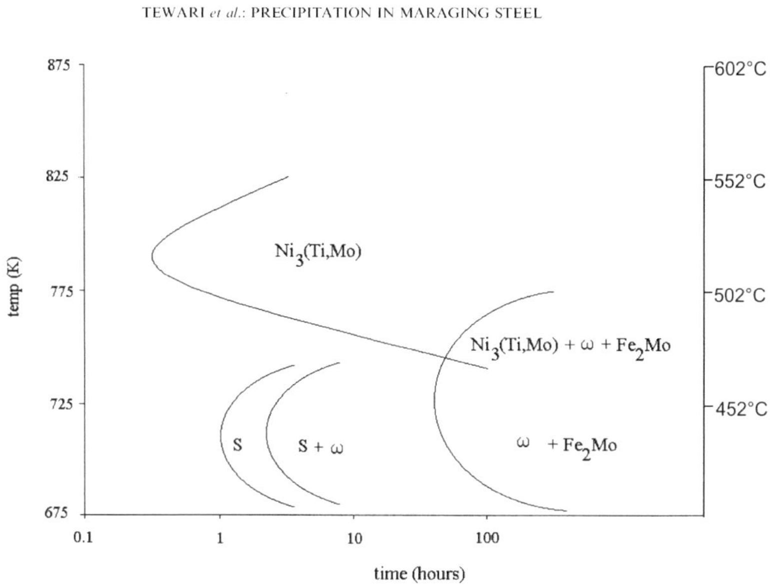

Abbildung 2-10 Bildung unterschiedlicher Ausscheidungspartikel in Abhängigkeit von Temperatur und Zeit in Maraging Stahl [15]

2.2.2 Eigenschaften

Die physikalischen Eigenschaften der Maraging Stähle unterscheiden sich in einigen Punkten von denen anderer Stähle. Z. B. liegt die Dichte mit 8- 8,1 g/cm^3 höher, während der E- Modul deutlich niedriger ist als bei niedrig legierten

Dichte [g/cm^3]	8,1
WAK [10^{-6} / K]	10,1
T_s [°C]	1430-1450
Querkontraktionszahl	0,3
E- Modul [GPa]	186

Tabelle 2 Physikalische Eigenschaften von Maraging Stahl [10]

Stählen (s. Tabelle 2). Maraging Stahl zeichnet sich vor allem durch seine exzellente Kombination aus höchsten Festigkeiten und sehr guter Duktilität aus. Kommerziell sind unterschiedliche Qualitäten erhältlich, die nach ihrer Festigkeit klassifiziert werden. Die Eigenschaften werden durch die im vorigen Abschnitt beschriebene Kombination aus relativ weichem Nickelmartensit und feinsten Ausscheidungen erreicht. Rack und Kalish [20] untersuchten die Festigkeit und Duktilität von 18Ni350 und fanden einen Zusammenhang, wie in Abbildung 2-11 dargestellt. Mit zunehmender Festigkeit nimmt auch bei Maraging Stählen die Bruchzähigkeit ab, allerdings liegt die Bruchzähigkeit deutlich höher als bei kohlenstoffhaltigen Stählen gleicher Festigkeit (Abbildung 2-12). Die Härte von Maraging Stahl liegt nicht ganz so hoch wie es bei kohlenstoffhaltigen Stählen möglich ist. Allerdings kann die Härte durch Nitrieren der Randschicht bis auf 70 HRC erhöht werden [11]. Wie Floreen [21] zeigte, lassen sich durch Veränderung der einzelnen Legierungselemente die Eigenschaften von Maraging Stahl in einem weiten Bereich beeinflussen. Allerdings geht auch hier eine Steigerung der Festigkeit mit Verlusten in der Zähigkeit einher und umgekehrt. Dabei kommt dem Titan eine besondere Bedeutung zu. Um hohe Festigkeiten zu erreichen, ist auch eine Erhöhung des Titangehalts notwendig (Abbildung 2-13) [22].

Eine weitere Möglichkeit, die Eigenschaften des Maraging Stahls zu beeinflussen ist die Wärmebehandlung. Eine gezielte Überalterung mit Bildung von Restaustenit senkt zwar die Streckgrenze und Zugfestigkeit, kann aber auch die Duktilität verbessern [23].

Sorte	Zugfestigkeit [MPa]	Streckgrenze [MPa]	Bruchdehnung [%]	Brucheinschnürung [%]	Bruchzähigkeit [MPa√m]
18Ni200	1500	1400	10	60	155- 240
18Ni250	1800	1700	8	55	120
18Ni300	2050	2000	7	40	80
18Ni350	2450	2400	6	25	35- 50

Tabelle 3 Typische Eigenschaften der unterschiedlichen 18 % Ni Maraging Stahlsorten [10]

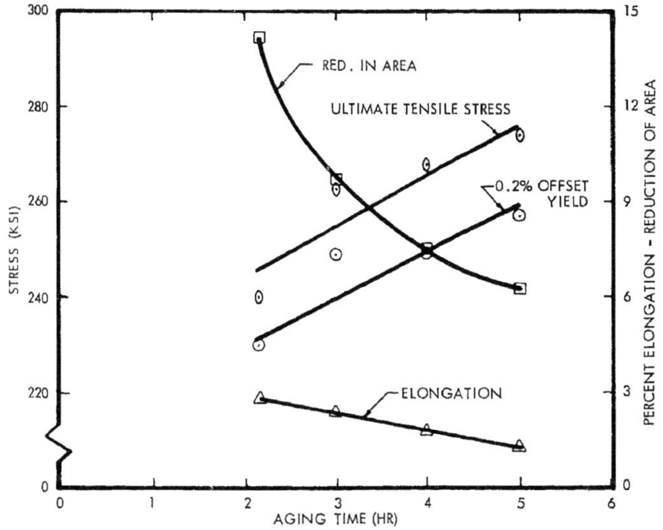

Abbildung 2-11 Zusammenhang zwischen Duktilität, Festigkeit und Auslagerungszeit bei Maraging Stahl 18Ni350 [20]

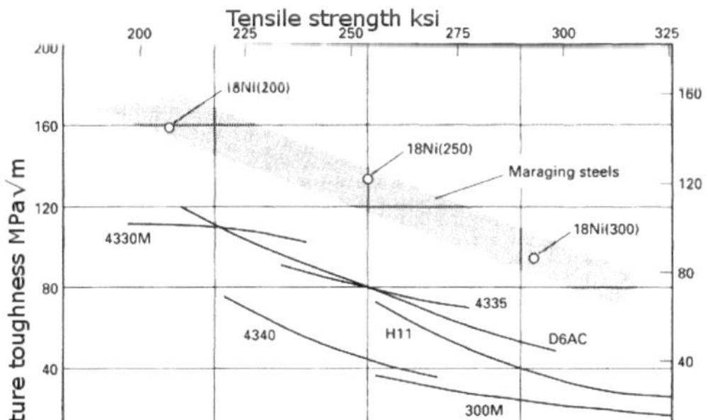

Abbildung 2-12 Zusammenhang zwischen Zugfestigkeit und Bruchzähigkeit bei verschiedenen Stahlsorten [24]

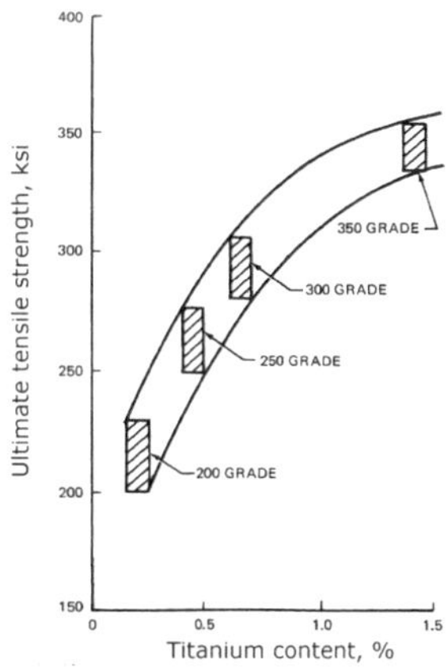

Abbildung 2-13 Der Ti-Gehalt in unterschiedlichen 18 Ni Maraging Stahl Varianten [22]

2.2.3 Anwendungen von Maraging Stahl

Maraging Stähle können überall dort eingesetzt werden, wo höchste Festigkeit bei gleichzeitig guter Duktilität gefragt ist. Vor allem für Werkzeuge in nicht-schneidenden Anwendungen, wie Spritz- bzw. Druckgussformen für Aluminium und Kunststoff, oder Umformwerkzeuge wird Maraging Stahl genutzt, aber auch für Flugzeugfahrwerke, die bei tiefen Temperaturen immer noch eine gute Zähigkeit aufweisen müssen.

Weitere Anwendungen sind Antriebswellen, Federn oder Bolzen [25]. In den letzten Jahren wurden auch Versuche unternommen, Maraging Stahl als Werkstoff für Rapid Prototyping zu verwenden [26].

2.3 Pulvermetallurgische Herstellung von Maraging Stahl

Die pulvertechnische Herstellung von Maraging Stahl wurde bereits auf verschiedenen Wegen angegangen. Darunter waren Heißisostatpressen [27, 28, 29, 30], Warmwalzen [27], Strangpressen [27] oder druckloses Sintern [31, 32, 33, 34]. In den letzten Jahren wurde versucht durch Sinterhilfsmittel beim drucklosen Sintern bessere Dichten zu erreichen und damit die Herstellung komplizierter Geometrien zu erleichtern [35, 26, 36]. Durch den hohen Legierungsanteil ist die Pressfähigkeit vorlegierter Pulver schlecht [26]. Die Verwendung der reinen Elementarpulver oder mehrerer teilweise vorlegierter so genannter Masteralloys kann die Pressdichte verbessern. Bei Versuchen mit diesen teilweise vorlegierten Masteralloys erreichte Hirschhorn [31] mit Hilfe von Pressen und Sintern Dichten von ca. 93 % der theoretischen Dichte. Die bessere Pressbarkeit der reinen Pulver zeigte Tracey [33], der damit auf 98 % theoretische Dichte kam. Bei der Verwendung von Elementarpulvern muss an den Verdichtungsprozess eine lange Homogenisierungsphase angehängt werden (z. B. 50 h bei 1100 °C [32]). Eine vollständige Verdichtung wurde bisher nur durch Heißisostatpressen erreicht; dabei können auch fertig legierte Pulver verwendet werden, die dann nicht mehr homogenisiert werden müssen. Die in Tabelle 4 aufgeführten Ergebnisse zeigen, dass durch Pressen und Sintern die sehr guten Eigenschaftskombinationen der geschmiedeten Maraging Stähle nicht erreicht werden konnten. Durch Titansegregationen an den Partikeloberflächen entstehen an den Partikelgrenzen spröde Sekundärphasen wie z. B. Ti(C, N) [27, 20]. Bei Auswahl und Verwendung von Binde- und Gleitmittel für Presskörper ist besondere Sorgfalt geboten [36], da eine unvollständige Entfernung dieser organischen Mittel zu großen Kohlenstoffrückständen im Sinterkörper führen kann. Auch Oxidschichten an ehemaligen Oberflächen der Pulverpartikel können zu einer Versprödung des Materials führen. Diese Oxidschichten beeinträchtigen zum einen die Anbindung der Partikel untereinander und behindern zum anderen die plastische Verformung. Auch hier lässt sich durch nachträgliches Umformen die Duktilität der pulvermetallurgisch hergestellten Varianten deutlich verbessern, da dadurch Partikelgrenzflächen zerstört werden und damit die oben erwähnten Sekundärphasen oder Oxidschichten im Gefüge verteilt werden.

Material	Prozess	Zugfestigkeit [MPa (ksi)]	Einschnürung	Bruchdehnung [%]	Bemerkung	Literatur
18Ni300	PS	1380 (200)		1- 2		31
18Ni250	HIP	1655 (240)	40		Angepasste Wärmebehandlung	34
18Ni250	PS	1606 (233)		3		34
18Ni250	HIP	1800	50		Angepasste Wärmebehandlung	29
		1187		0,4	89 % Dichte	33
18Ni300	HIP	--		--	Bruch ohne plastische Dehnung	27
18Ni300	HIP + Warmwalzen	1960	55			27
18Ni350	Strangpressen	2220 (322)	25	8		37
18Ni350	Geschmiedet	2410	25	6		10

Tabelle 4 Zusammenstellung der mechanischen Eigenschaften von Maraging Stählen

Dies lässt sich z. B. durch Warmwalzen, Strangpressen oder Schmiedeschritte erreichen [37]. Es wurde gezeigt, dass sich das Ermüdungsverhalten von extrudierten P/M- Maraging Stählen nicht wesentlich von dem schmelzmetallurgischer Varianten unterscheidet.

Ohne Umformen werden die besten mechanischen Eigenschaften durch einen HIP Prozess bei langen Haltezeiten erreicht. Durch eine Überhitzung von bis zu 80 K vor der Auslagerung konnten German und Smugeresky Duktilitäten erreichen, die nahezu an die geschmiedeten Varianten heranreichen. Sie konnten zeigen, dass in ihren Materialien weder eine Oxidschicht noch Ti(C, N)- Ausscheidungen an den Korngrenzen zu finden sind.

Durch die Zugabe von Sinterhilfsmitteln wie Bor, Phosphor oder Kupfer kommt es zu einer Flüssigphasensinterung. Dadurch können auch beim drucklosen Sintern gute Dichten erreicht werden. Allerdings hat diese Veränderung der Legierungszusammensetzung auch einen starken Einfluss auf die mechanischen Eigenschaften. Durch die Verwendung von Bor wird die Martensit-Finish- Temperatur deutlich unter Raumtemperatur abgesenkt, aber auch bei einer Unterkühlung mit flüssigem Stickstoff und anschließender Auslagerung erreicht man nicht die Härte des Maraging Stahls ohne Bor [36].

Akthar [35] untersuchte den Einfluss von Cu_3P auf die Verdichtung und die Eigenschaften des rostfreien Maraging Stahls 465. Es zeigt sich, dass durch die Bildung der flüssigen Phase höhere Dichten und damit auch bessere mechanische Eigenschaften erreicht werden können (Abbildung 2-15); allerdings reichen diese nicht an die Werte schmelzmetallurgisch hergestellter Varianten heran.

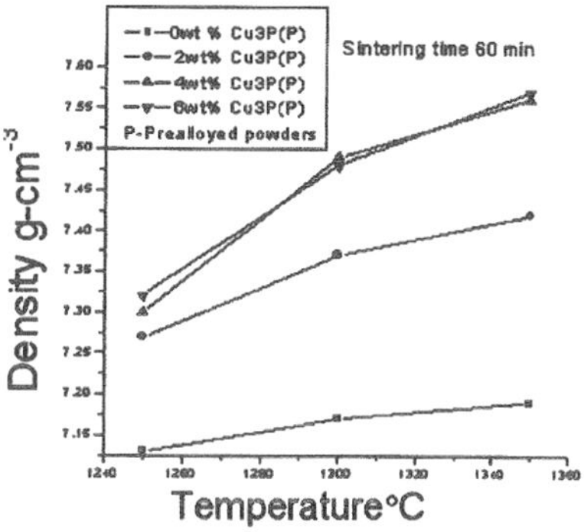

Abbildung 2-14 [35] Einfluss der Sinterzusätze auf die Dichte

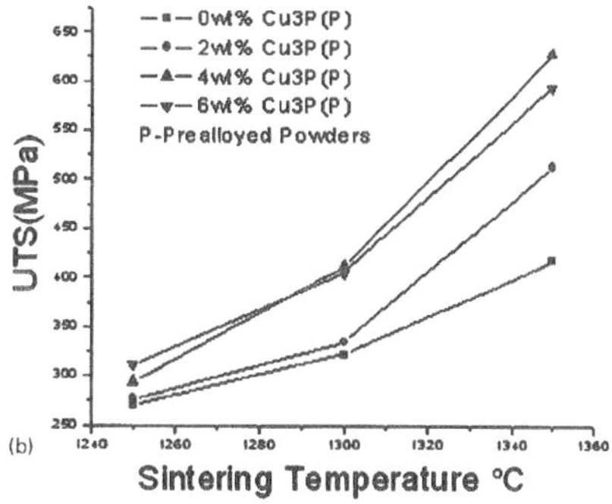

Abbildung 2-15 Zugfestigkeit von rostfreiem Maraging Stahl (465) mit Cu_3P Zusatz [35]

2.4 Verbundwerkstoffe

Verbundwerkstoffe bieten die Möglichkeit Eigenschaften verschiedener Werkstoffe zu verbinden. Dabei lassen sich, je nach Anordnung der Komponenten, verschiedene Arten unterscheiden [38]:

- Faserverbundwerkstoffe
- Dispersionen
- Laminate
- Durchdringungsverbundwerkstoffe

Je nach Anwendung eignen sich die unterschiedlichen Materialien unterschiedlich gut. Faserverbundwerkstoffe bieten z. B. meist ein hervorragendes Verhältnis aus Festigkeit und Dichte, während Teilchenverbundwerkstoffe bzw. Dispersionen bei einfacher Herstellung eine Erhöhung des Verschleißwiderstandes und der Steifigkeit versprechen [39]. Die Verbundwerkstoffe werden zudem durch die Art des Matrixmaterials unterschieden. Als Matrixmaterialien sind die drei Werkstoffhauptgruppen Keramiken (CMC), Polymere (PMC) und Metalle (MMC) verwendbar.

Durch die Kombination der unterschiedlichen Materialien ergeben sich neue Eigenschaften für das Verbundmaterial. Für einige Eigenschaften wie z. B.

Dichte, E-Modul und Wärmeinhalt kann man eine lineare Addition der Eigenschaften der beteiligten Komponenten annehmen [38]:

$$P_M = P_1 f_1 + P_2 f_2 ... P_i f_i ; \sum fn = 1$$ Gleichung 1. 3

Dabei ist P_M die Eigenschaft des Verbundes, P_i die Eigenschaft der einzelnen Komponenten und f_i sind die Volumenanteile der Komponente.

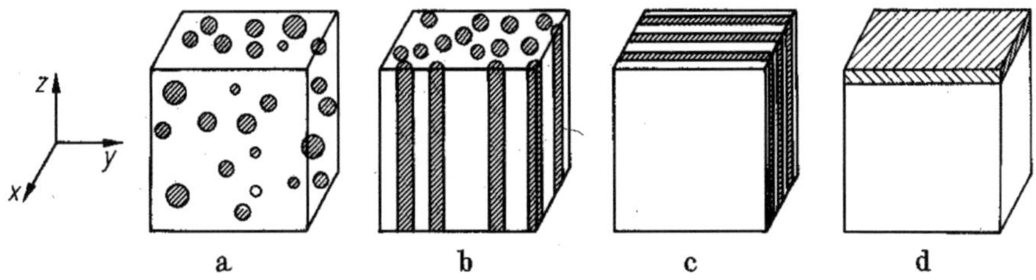

Abbildung 2-16 Verschiedene Formen zweiphasiger Gefüge. a Kugeln, b Stäbe in z-Richtung, c Platten in yz- Richtung, d Oberflächenbeschichtung (a isotropes, b- c anisotropes Gefüge)

Dieser Zusammenhang lässt sich auch für Festigkeiten im Fall von Faser- und Schichtverbunden anwenden, wenn die Verstärkungen in Belastungsrichtung ausgerichtet sind (Parallelschaltung). Bei einer Ausrichtung orthogonal zur Belastung ergibt sich eine Reihenschaltung, die für ein Zweikomponentensystem durch folgenden Ausdruck beschrieben werden kann:

$$\sigma_M = \frac{\sigma_\alpha \sigma_\beta}{f_\alpha \sigma_\beta + f_\beta \sigma_\alpha}$$ Gleichung 1.4

σ_M beschreibt dabei die Festigkeit des Gemisches und $\sigma_{\alpha,\beta}$ die Festigkeit der beiden Komponenten.

Diese beiden Zusammenhänge lassen sich graphisch darstellen und beschreiben dann die Grenzen für beliebig orientierte Systeme (Abbildung 2-17). Die Eigenschaften von Verbundwerkstoffen können aber auch anderen Zusammenhängen folgen als der Kombination der Eigenschaften der Ausgangsmaterialien. So kann z. B. eine gut abgestimmte Kombination einer weichen, duktilen Metallmatrix mit harten, spröden Keramikpartikeln bessere Verschleißeigenschaften aufweisen als die jeweiligen Basismaterialien. Da die zähe Matrix Ausbrüche verhindert und die Keramikpartikel ein Eindringen des Gegenkörpers verhindern, kann so unterschiedlichen Verschleißursachen entgegengewirkt werden [1].

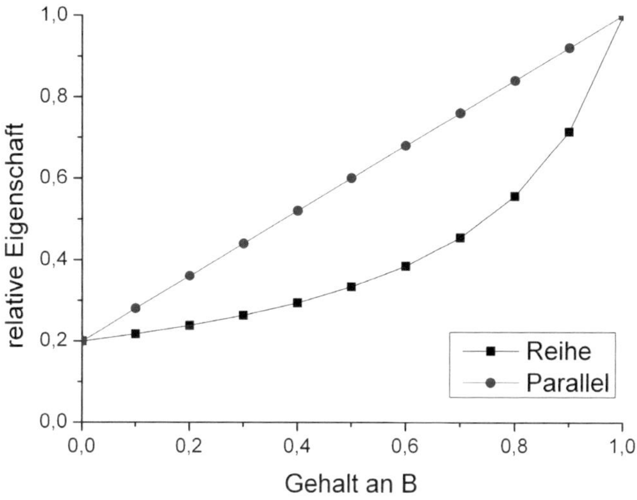

Abbildung 2-17 Nach der Mischungsregel berechnete Eigenschaften für Verbundwerkstoffe

2.4.1 Metallische Verbundwerkstoffe (MMC)

In metallischen Verbundwerkstoffen wird zumeist die gute Duktilität einer metallischen Matrix mit der Festigkeit, Steifigkeit und Härte der Verstärkungsphase kombiniert [40]. Sie finden ihre Anwendung in vielen technischen Bereichen. Dabei sind hier neben den bekannten Leichtbauwerkstoffen, wie z. B. faserverstärkten Leichtmetallen oder Kunststoffen, auch oft nicht als Verbundwerkstoffe angesehene Materialien wie Hartmetalle oder Gusseisen (Eisen-Graphit) zu nennen. Zur Herstellung bieten sich je nach Anwendung und Material verschiedene Prozesse an [41]:

- Schmelzmetallurgisch:
  - Infiltration von Kurzfaser-, Partikel- oder Hybridpreforms
  - Reaktionsinfiltration von Faser- oder Partikelpreforms
  - Einrühren von Partikeln in Schmelzen mit anschließendem Gießen
- Pulvermetallurgisch:
  - Pressen und Sintern von Pulvermischungen
  - Strangpressen oder Schmieden
  - Heißisostatpressen von Pulvermischungen und Gelegen

Dabei werden schmelzmetallurgische Verfahren technisch häufiger eingesetzt, weil sie oft günstiger sind. Für einige Verbundmaterialien, wie z. B. für Hartmetalle, hat sich allerdings die pulvertechnische Herstellung durchgesetzt, da sie Vorteile in Bezug auf Steuerung der Gefügeausbildung, Stabilität der Komponenten, Homogenität oder Materialausnutzung bietet und aufgrund der Schmelztemperatur einiger Hartmetallkomponenten eine schmelzmetallurgische Herstellung nicht möglich ist.

2.4.1.1 Partikelverstärkte MMC

Wie auch bei Faserverbundwerkstoffen werden für partikelverstärkte Materialien häufig Aluminiumlegierungen als Matrixmaterialien genutzt, aber auch Titan, Magnesium oder Stahl werden verwendet. Als Partikel werden im Allgemeinen Materialien verwendet, die eine gute Kombination hoher Festigkeit und Steifigkeit sowie niedriger Dichte und Kosten aufweisen [40]. Als besonders geeignet haben sich keramische Partikel aus Al_2O_3 und ZrO_2 oder Karbide wie B_4C, WC und TiC erwiesen.

Wie bereits erwähnt, eignen sich partikelverstärkte Verbundwerkstoffe vor allem für Anwendungen, bei denen eine hohe Härte und ein hoher Verschleißwiderstand bei isotropen Eigenschaften gefordert sind. Die verstärkende Wirkung der Partikel hat unterschiedliche Ursachen und kann mit den folgenden Modellen beschrieben werden.

2.4.2 Eigenschaften von Verbundwerkstoffen

Die Zunahme der Festigkeit, der Härte oder des Verschleißwiderstandes lässt sich durch unterschiedliche Mechanismen erklären. Abbildung 2-18 zeigt die unterschiedlichen Beiträge in Abhängigkeit des Volumengehalts der Verstärkungsphase. Der so genannte direkte Verstärkungsanteil lässt sich, wie oben beschrieben, durch die Mischungsregel einfach abschätzen (Abbildung 2-17). Andere Methoden wie das „Shear-Lag“- oder das Eshelby- Modell sind deutlich aufwendiger, berücksichtigen aber auch Faktoren wie Form oder Größe der Verstärkungsphase [42, 43]. Die indirekte Verstärkung beruht auf Veränderungen des Gefüges und der Matrix durch die eingebrachten Partikel. Hier lässt sich eine weitere Unterteilung in Gefügeveränderungen, wie Kornfeinung, und Matrixveränderungen, wie Erhöhung der Versetzungsdichte (Orowan-Mechanismus) oder Veränderung der Ausscheidungsreaktion, vornehmen. Einen weiteren Verstärkungsbeitrag liefern innere Spannungen, die beim Herstellungsprozess durch unterschiedliche thermische Ausdehnungskoeffizienten entstehen können (Abbildung 2-18). Die einzelnen Beiträge lassen sich oftmals gut abschätzen. Die Hall- Petch- Beziehung beschreibt den Einfluss der Korngröße auf die Festigkeit. Metallverbundwerkstoffe haben im Allgemeinen eine feinere Korngröße als die unverstärkte Matrix, da die Partikel als Keime dienen und damit die Keimzahl erhöhen und bei aufkommendem Kornwachstum als Hindernisse dienen.

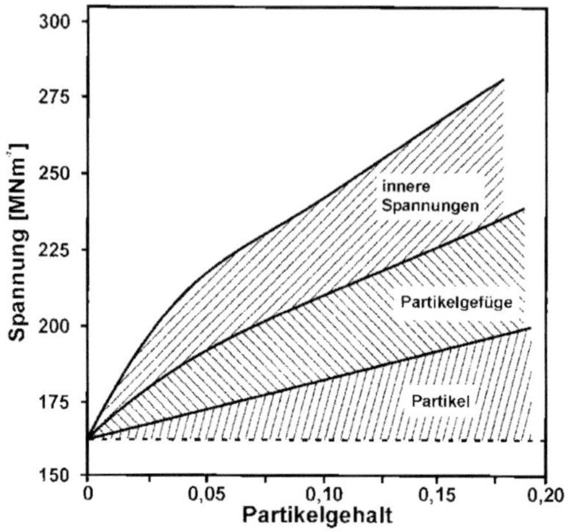

Abbildung 2-18 Aufteilung der Beiträge zur Verfestigung von partikelverstärkten Verbundwerkstoffen auf Aluminiumbasis [41]

Da Korngrenzen wiederum ein Hindernis für Versetzungen darstellen, kommt es dadurch zu einer Erhöhung der zur plastischen Verformung nötigen Schubspannung τ und damit zur Verfestigung, die sich mit Hilfe der mittleren Korngröße d und einer Konstante k wie folgt abschätzen lässt:

$$\tau \approx \tau_f + kd^{1/2}$$ Gleichung 1.5

Wobei τ_f die für die Bewegung von Versetzungen erforderliche Schubspannung im unverformten Einkristall ist. Eine Erhöhung der Versetzungdichte führt ebenfalls zu einer eingeschränkten Beweglichkeit der einzelnen Versetzungen, da diese sich gegenseitig beeinflussen. Dabei lässt sich der Anstieg der Fließspannung in Abhängigkeit der Versetzungsdichte ρ ausdrücken [44]:

$$\tau \approx \tau_f + kGb\sqrt{\rho}$$ Gleichung 1.6

Mit dem hier verwendeten Schubmodul der Matrix G, dem Burgersvektor b und dem mittleren Abstand der Partikel H lässt sich auch der durch den Orowanmechanismus hervorgerufene Verstärkungseffekt abschätzen.

$$\tau \approx \tau_f + k\frac{Gb}{H}$$ Gleichung 1.7

Diese Gleichung kann für gleichmäßig verteilte, sphärische Partikel des Radius r_p mit einem Volumenanteil von f umformuliert werden zu:

$$\tau \approx \tau_f + k\frac{Gbf^{1/3}}{2r_p}$$ Gleichung 1.8

Allerdings ist der Beitrag dieses Mechanismus' für Partikelgrößen im Mikrometerbereich sehr gering. Für einen Partikelanteil f = 0,2 und r_p = 0,5 µm ergibt sich in einer Aluminiummatrix eine Verstärkung von nur 1 MPa [44].

Eine Hauptursache für die Erhöhung der Versetzungsdichte sind die unterschiedlichen thermischen Ausdehnungskoeffizienten. Durch das Abkühlen beim Herstellungsprozess kommt es zu Spannungen zwischen den Partikeln und der Matrix, die durch Versetzungen abgebaut werden können. Durch Phasenumwandlungen können diese Spannungen noch verstärkt oder reduziert werden. Bei der Kombination von Stahl und Keramik wird der Misfit durch die Volumenzunahme bei der Umwandlung von kfz zu krz reduziert.

Auch unterschiedliche elastische Konstanten führen bei Be- oder Entlastungen während des Prozesses (Pressen, Umformen) zu Spannungen und damit zu Versetzungen im Bereich der Partikel. Daher ist die Versetzungsdichte im Bereich um die Partikel besonders hoch. Dieser Umstand wiederum führt dazu, dass sich bei einer Ausscheidungsreaktion in nachfolgenden Wärmebehandlungen Ausscheidungen bevorzugt im Bereich der Verstärkungspartikel bilden [45], da die Versetzungen als Keime für Ausscheidungen dienen.

Weitere wichtige Einflussfaktoren auf die mechanischen Eigenschaften von partikelverstärkten Metallverbundwerkstoffen sind die Größe, Verteilung und Anbindung der Partikel.

Der Einfluss der Größe ist schon im Orowan- Mechanismus gegeben, da bei gleichem Volumengehalt kleinere Partikel enger aneinander liegen. Dieser trägt aber nur bei sehr feinen Dispersoiden merklich zur Festigkeit bei. Abbildung 2-19 zeigt jedoch, dass auch bei Partikelgrößen >20 µm noch eine deutliche Abnahme der Festigkeit bei zunehmender Partikelgröße auftritt. Zudem kann durch die erhöhte Versetzungsdichte die Diffusion erleichtert werden, was ebenfalls zu einer schnelleren Ausscheidungsbildung führt [43]. Bei keramischen Partikeln nimmt die Festigkeit mit zunehmendem Volumen ab, da die Wahrscheinlichkeit eines größeren Fehlers zunimmt. Durch diese Volumenabhängigkeit der Festigkeit von spröden Partikeln verändert sich auch das Bruchverhalten des Verbundwerkstoffes und es kommt mit zunehmender Partikelgröße auch zu einem deutlichen Abfall der Festigkeit des Gesamtsystems, wobei, wie bereits erwähnt, in diesem Größenbereich der Orowan-Mechanismus keine entscheidende Rolle mehr spielt (Abbildung 2-19). Das Bruchbild ändert sich bei diesem Beispiel eines Al- SiC Verbundes von reinem Matrixversagen bei sehr feinen Partikeln zu Partikelversagen bei groben Partikeln [46]. Ein weiterer wichtiger Einflussfaktor ist die Verteilung der Partikel (Abbildung 2-20). Dabei lässt sich die Abweichung von einer zufälligen Verteilung als Quotient der jeweiligen Standardabweichung der Partikelabstände vom mittleren Partikelabstand angeben.

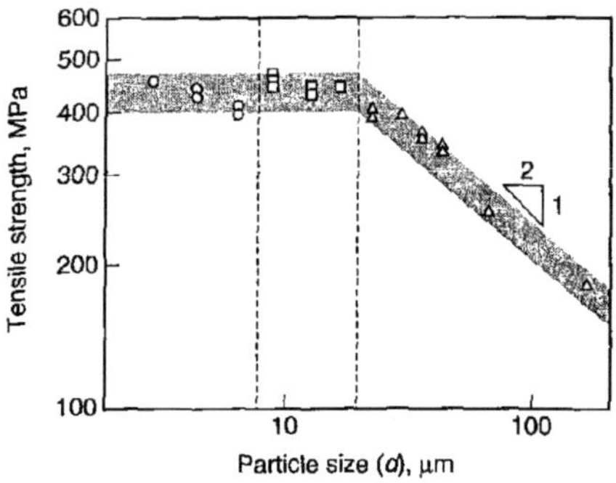

Abbildung 2-19 Einfluss der Partikelgröße der Verstärkungspartikel auf die Festigkeit bei Al- SiC Werkstoffen

Bei geordneten Strukturen ist die Standardabweichung sehr klein und somit der Quotient <1. Bei einer Clusterbildung ist die Standardabweichung groß und der Quotient >1. Die Abbildung 2-21 zeigt, dass mit steigender Clusterbildung und damit ansteigendem Quotienten P die Duktilität einer hier verwendeten Aluminiumlegierung mit SiC- Partikeln deutlich abnimmt.

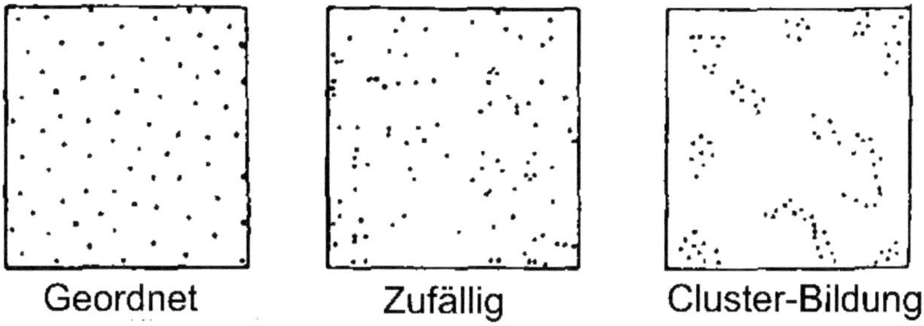

Abbildung 2-20 Unterschiedliche Verteilungen von Partikeln

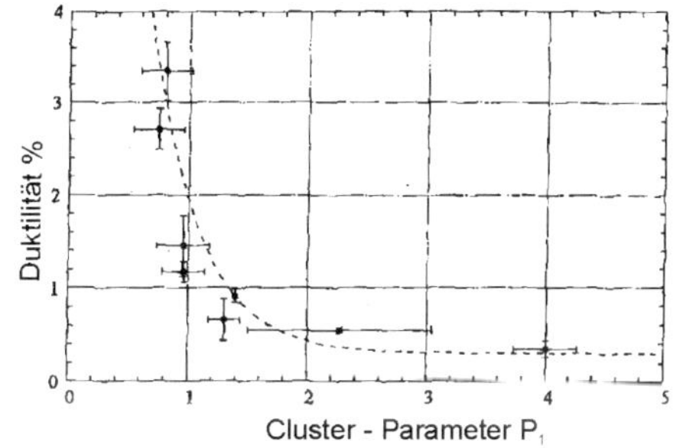

Abbildung 2-21 Einfluss der Partikelanordnung auf die Duktilität einer SiC-partikelverstärkten Al- Legierung

2.5 Field Assisted Sintering Technology (FAST)

„Field Assisted Sintering Technology", oder kurz FAST, ist eine relativ neue Methode zur Konsolidierung von Pulvern. Die Anlage ähnelt einer konventionellen Heißpresse, allerdings wird anstelle einer externen Heizung das Werkzeug und/oder das zu verdichtende Pulver durch direkten Stromdurchgang erhitzt. Diese Joulesche Aufheizung geschieht durch einen gepulsten Gleichstrom. Das Verfahren ist ebenfalls unter den Namen „Spark Plasma Sintering" (SPS), „Plasma Assisted Sintering" (PAS) oder „Electric Pulse Assisted Consolidation" (EPAC) bekannt [47]. Aufgrund von niedrigen Prozesstemperaturen und kurzen Prozesszeiten ist es durch FAST möglich, im Vergleich zu anderen Herstellungsverfahren feinkörnige und trotzdem vollständig dichte Materialien zu sintern [48, 49]. Die sehr gute Verdichtung durch den FAST Prozess macht es auch möglich, neuartige, innovative Materialien herzustellen, die mit herkömmlichen Sinterverfahren nicht realisierbar sind. Z. B. ist es möglich, WC- oder AlN- Pulver ohne die Zugabe von Sinteradditiven zu verdichten [50].

Im Allgemeinen werden unterschiedliche Mechanismen für die guten Verdichtungseigenschaften im FAST Prozess verantwortlich gemacht. Hulbert [51] fasst diese wie folgt zusammen:

- Einfluss von Funkenüberschlägen
- Oberflächenreinigung durch Plasma
- Schnelle Joulesche Aufheizung
- Lokales Aufschmelzen und Verdampfen (vor allem in metallischen Systemen)
- Oberflächenaktivierung der Partikel
- Elektronenwind
- Feldunterstützte Diffusion

Die genannten Mechanismen sind teilweise nur bei leitenden Materialien wirksam, daher ist bei der Betrachtung des Prozesses zwischen leitenden und nichtleitenden Pulver zu unterscheiden. Der unterschiedliche Stromfluss ist in Abbildung 2-22 dargestellt [52]. Es ist zu erkennen, dass im Falle der leitenden Kupferprobe der Strom auch direkt durch die Probe fließt. Durch diese unterschiedliche Verteilung der Stromdichte kommt es auch zu unterschiedlichen Temperaturverteilungen. Messungen an Bronzepulver zeigen den in Abbildung 2-23 dargestellten Verlauf des spezifischen elektrischen Widerstands während des Aufheizens. Raichenko [53] teilt die Kontaktbildung der Partikel bei leitenden Materialien, die zu dieser Entwicklung des elektrischen Widerstands führt, in drei Phasen ein. Zuerst werden nichtleitende Oberflächenschichten durchbrochen, wodurch der Widerstand stark absinkt. In der zweiten Phase entsteht in den neu gebildeten Kontaktzonen eine sehr hohe Flussdichte, die zu starken Temperaturanstiegen und zu einem wieder ansteigenden Widerstand führt. Im letzten Schritt wird die Kontaktfläche deutlich vergrößert, was zum Absinken der Temperatur im Kontaktbereich und zu einem deutlich Abfall des elektrischen Widerstandes führt (Abbildung 2-23).

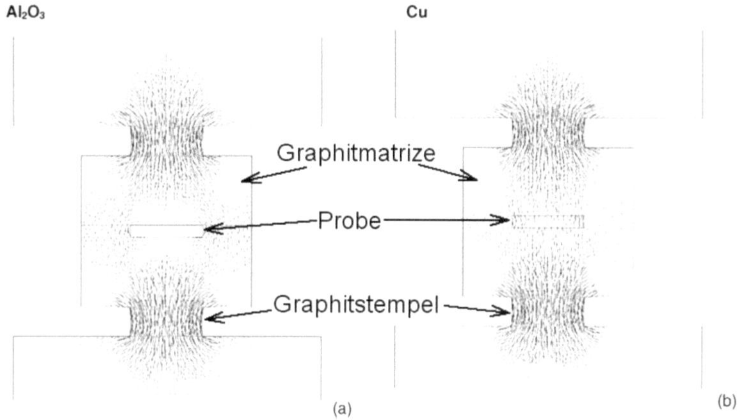

Abbildung 2-22 Stromdichteverteilung im FAST- Werkzeug mit isolierender (a) und leitender (b) Probe [54]

Song [55] untersuchte die Kontaktbildung während des FAST Prozesses mit Kupferpulver genauer. Hier konnte gezeigt werden, dass es im Bereich der Sinterhälse schon bei niedrigen Sintertemperaturen zu Flüssigphasenbildung und Selbstabschreckung kommt. Es wird erwähnt, dass die Temperaturüberhöhung bis nahe an den Siedepunkt (Kupfer 2927 °C) kommen kann. Durch den positiven Temperaturkoeffizienten von Metallen kommt es zu einer homogenen Halsbildung (Abbildung 2-24), da der mit der Temperatur ansteigende elektrische Widerstand den Strom auf kältere und damit besser leitende Pfade umleitet. Der Stromfluss begünstigt so die Sinterhalsbildung, die sonst durch passivierende Oberflächenschichten behindert wird.

Durch den direkten Stromdurchgang muss außerdem im Vergleich zu anderen Sinterverfahren nur ein kleines Volumen aufgeheizt werden. So sind sehr schnelle Aufheizraten (1000 K/min [47]) realisierbar, wodurch kornvergröbernde Mechanismen, die bei niedrigen Temperaturen stattfinden, wie z. B. Oberflächendiffusion, übergangen werden können [47].

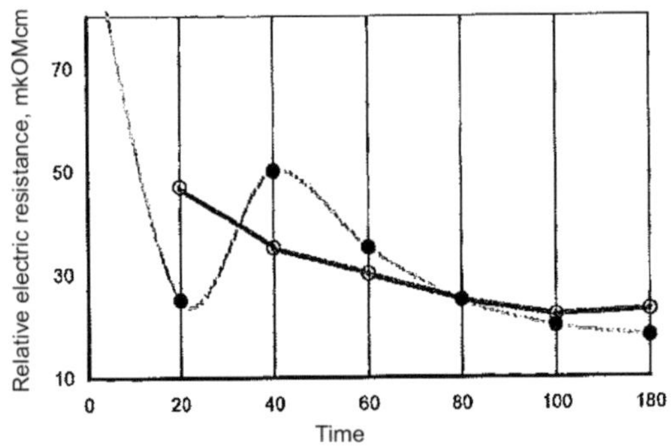

Abbildung 2-23 Elektrischer Widerstand für leitendes Pulver im Verlauf der Zeit beim FAST-Prozess (•) und beim Heißpressen (○) [56]

Abbildung 2-24 Sinterhalsbildung bei Kupferpartikeln durch FAST [55]

Ein sehr kontrovers diskutierter Aspekt des FAST Prozesses ist die Bildung eines Plasmas an den Pulverpartikeln durch den gepulsten Strom. Dieser Effekt wird oft zur Erklärung der guten Verdichtung herangezogen [56, 57, 54]. Dabei sollen durch das Plasma vor allem die Oxidschichten oder andere Verunreinigungen der Pulveroberflächen entfernt werden, wodurch die Reaktivität verbessert wird. Bei Messungen von Hulbert et al. [51] wurde versucht mit unterschiedlichen Messmethoden die Entstehungen von Funkenüberschlägen bzw. eine Plasmabildung nachzuweisen. Die Autoren zeigen, dass die Annahme der Funken- bzw. Plasmabildung weder durch die experimentellen Ergebnisse noch durch theoretische Überlegungen gestützt werden kann.

Mechanismen wie feldunterstützte Diffusion oder Elektronenwind wurden in Verbindung mit dem FAST- Prozess bisher wenig untersucht. Allerdings zeigen Untersuchungen zur Dicke von Reaktionsschichten mit Stromdurchfluss ein deutlich schnelleres Schichtwachstum als Versuche ohne Stromdurchfluss mit ansonsten identischen Reaktionsbedingungen (Abbildung 2-25) [52].

Der Vergleich zwischen dem FAST- Prozess und einer konventionellen

Heißpresse mit submicron Al_2O_3- Pulver zeigt vor allem im Anfangsbereich der Sinterung Unterschiede dieser beiden Verfahren [58], wobei für diese Unterschiede vor allem die Temperatursteuerung der FAST- Anlage verantwortlich gemacht wird. Bei 450 °C wird die leistungsgesteuerte Regelung umgestellt auf eine temperaturgesteuerte Regelung, dabei kann es zu Temperaturspitzen kommen, die schon zur Sinterhalsbildung führen.

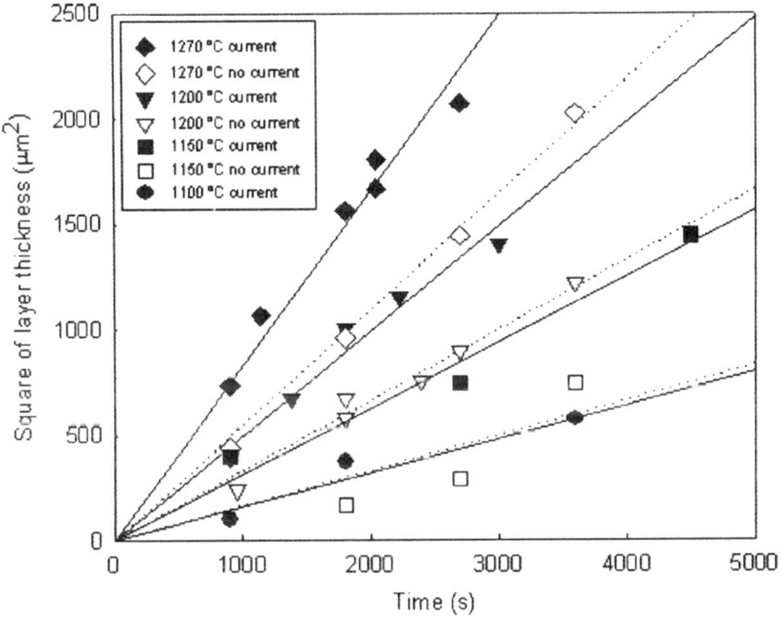

Abbildung 2-25 Schichtdicke einer $MoSi_2$ Reaktionsschicht bei unterschiedlichen Temperaturen mit und ohne Stromdurchfluss [52]

3 Experimentelle Durchführung

3.1 Verwendete Materialien

Für die Vorversuche wurde Carbonyleisenpulver von BASF (Typ CS, Tabelle 2.1) als Matrixmaterial verwendet. Als Stahlmatrix wurden der Wälzlagerstahl 100Cr6 und 18Ni350 Maraging Stahl eingesetzt. 100Cr6 ist besonders geeignet für den Einsatz in tribologisch beanspruchten Systemen. Auch pulvermetallurgische Anwendungen sind bei diesem Stahl verbreitet. Der 18Ni350 Maraging Stahl ist ein hochlegierter Stahl, der vor allem durch seine Kombination aus Festigkeit und Zähigkeit hervorsticht. Die Eigenschaften von Maraging Stählen werden detailliert in Kapitel 2.2 Maraging Stahl dargestellt. Pulvermetallurgische Anwendungen der hier verwendeten Legierung sind nicht bekannt. Beide Stahlbasispulver wurden von Sandvik Osprey gasverdüst und hatten im Anlieferungszustand eine sphärische Partikelform (Abbildung 3-1). In Kombination mit Carbonyleisen und 100Cr6 als Matrixmaterial wurden die in Tabelle 6 angegebenen Materialien als Hartstoffe verwendet. Dabei wurde für die Voruntersuchungen darauf geachtet, dass die mittlere Partikelgröße im Bereich von 1 µm lag. Auch für die Kombination mit 100Cr6 wurden Pulver aus dieser Auswahl verwendet. Um die Mikrostruktur zu optimieren, wurden für die Kombination mit 18Ni350 gröbere Partikel verwendet. Zum einen wurde monoklines ZrO_2 mit einer Partikelgröße von 3 µm (UCM- Group, Z- 99 3- 5) eingesetzt. Als zweiter Hartstoff in Kombination mit 18Ni350 wurde Al_2O_3 mit einer Partikelgröße von 3,4 µm (Sumitomo, AA- 30) verarbeitet.

Material	D50 [µm]	C [%]	Cr [%]	Ni [%]	Co [%]	Mo [%]	Ti [%]	Al [%]	Fe
Carbonyleisen CS	6	<0,05	-	-	-	-	-	-	Rest
100Cr6	8,2	1,1	1,6	0,082	-	-	-	-	Rest
18Ni350	8,4	0,009	0,01	18,9	12	3,4	1,4	0,12	Rest

Tabelle 5 Chemische Zusammensetzung der verwendeten Matrixmaterialien

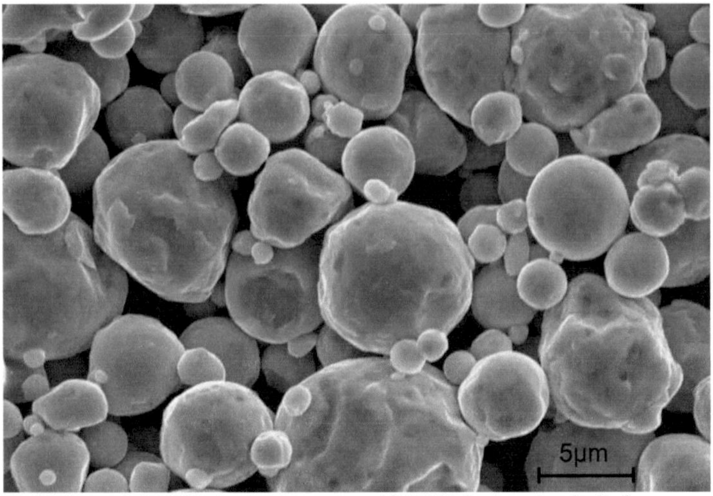

Abbildung 3-1 REM- Aufnahme von 18Ni350 Pulver im Anlieferungszustand

Material	Al_2O_3	TiN	TiC	SiC	TiB_2	ZrO_2	NbC	Si_3N_4	WC
Partikel-größe [µm]	0,5	1	1	0,38	0,9	0,7	0,95	0,5	0,85
Hersteller	Alcoa	HC Starck	HC Starck	Ibiden	HC Starck	Toyo Soda	Trei-bacher	UBE	Trei-bacher
Handels-name	CT3000 SG	HV 120	Grade C	UF	Grade F	TZ3Y	100 Fein	E10	SD 08

Tabelle 6 Partikelgröße und Hersteller der verwendeten Hartstoffmaterialien für Fe- und 100Cr6- Matrix Werkstoffe

3.2 Herstellung Dispersionswerkstoffe

Die Herstellung der Dispersionspulver erfolgte über mechanisches Legieren der Ausgangspulver in einem Attritor. Der Attritorbehälter und der Attritor selbst waren aus rostfreiem Stahl gefertigt, die Mahlkörper wurden jeweils auf das Mahlgut abgestimmt: Für 100Cr6 Dispersionsmaterialien wurden auch Mahlkörper aus 100Cr6, für die Stahlsorte 18Ni350 ZrO_2 Mahlkugeln eingesetzt, um Kohlenstoffverunreinigungen zu vermeiden. Mahlkugeln aus diesem Stahl waren nicht erhältlich. Das Mahlen wurde für 4 h bei 1000 min^{-1} in Isopropanol durchgeführt. Der Mahlfortschritt der Partikel wurde kontrolliert, indem in 30 min Abständen Pulverproben entnommen wurden. Carbonyleisen- und 100Cr6- Varianten wurden jeweils mit 0 und 15 Vol. % Hartstoff hergestellt.

18Ni350 wurde jeweils in den Stufen 0, 5, 10 und 15 Vol. % hergestellt. Die genauen Einwaagen zeigt Tabelle 7.

Anschließend wurden die Mahlkörper mit einem 180 µm Sieb vom Alkohol-Pulvergemisch getrennt. Der Großteil des Alkohols wurde durch Dekantieren abgeschieden. Abschließend wurde das Pulver noch getrocknet und gesiebt.

Stahlsorte	Einwaage Stahl [g]	Hartstoff	Vol. %	Einwaage Hartstoff [g]	TiH_2
18Ni350	153,9	Al_2O_3	5	3,98	1,54
	145,8		10	7,96	1,46
	137,7		15	11,94	1,38
	153,9	ZrO_2	5	6	1,54
	145,8		10	12	1,46
	137,7		15	18	1,38
100Cr6	133,5	WC	15	46,9	-
	133,5	TiC	15	15,6	-
	133,5	ZrO_2	15	16,8	-

Tabelle 7 Einwaagen zur Herstellung der Pulver bei einem Gesamtvolumen von 20 cm^3

3.3 Partikelgrößenmessung

Die Partikelgrößenmessung erfolgte an einem Cilas 1064, das auf dem Prinzip der Laserbeugung beruht. Die Pulver wurden jeweils vor der Messung mit Dispergierhilfsmitteln (Dolapix CE 64, Spülmittel) und Wasser vermengt und anschließend in den Wasserbehälter gegeben. Mit Hilfe des Ultraschallfingers im Gerät können eventuell vorhandene Agglomerate zerstört werden.

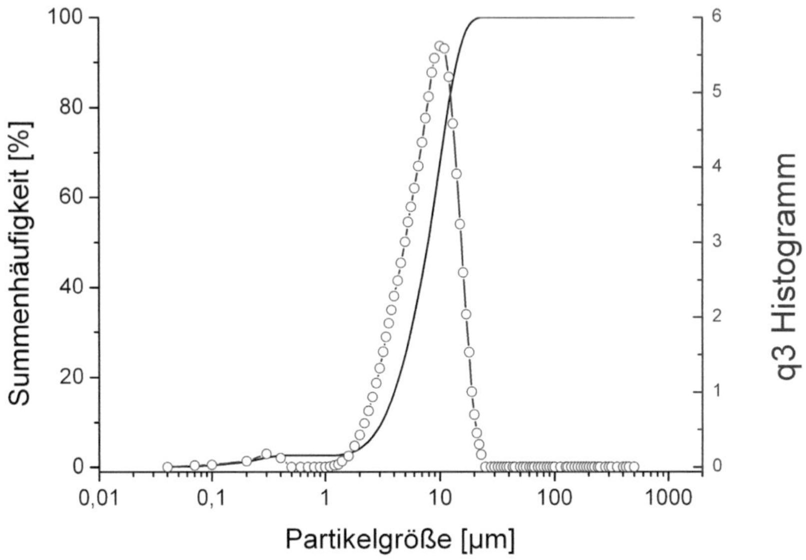

Abbildung 3-2 Partikelgrößenmessung an 100Cr6 mit Summenkurve und Histogramm

3.4 Konsolidierung

3.4.1 FAST

Die Verdichtung der untersuchten Materialien geschah mit Hilfe einer Field Assisted Sintering Technology (FAST)- Anlage von FCT (HP D 25/1) (Abbildung 3-3). Es standen zwei unterschiedliche Werkzeuge mit 20 und 40 mm Durchmesser zur Verfügung. Vor der Befüllung mit Pulver wurden die Werkzeuge mit Graphitfolie ausgekleidet, um eine Reaktion des Werkzeugs mit dem Sintergut zu verhindern, welche auch zur Beschädigung der Werkzeuge geführt hätte (Abbildung 3-4, Abbildung 3-5). Der Temperatur- und Kraftverlauf des Sinterprogramms ist in Tabelle 8 und Abbildung 3-6 dargestellt. Die Anlage wurde vor jedem Prozess evakuiert und mit Argon gespült. Der endgültige Pressdruck wurde erst zu Beginn der Haltezeit aufgebracht. Der Peak im Temperaturverlauf zu Beginn des Aufheizens wurde durch die Umschaltung zwischen zwei Regelbereichen hervorgerufen. Beim Übergang von der Heizphase in die Haltezeit kam es zu einem Temperaturüberschwinger, der bei den hier verwendeten Heizraten und Haltetemperaturen weniger als 10 K betrug.

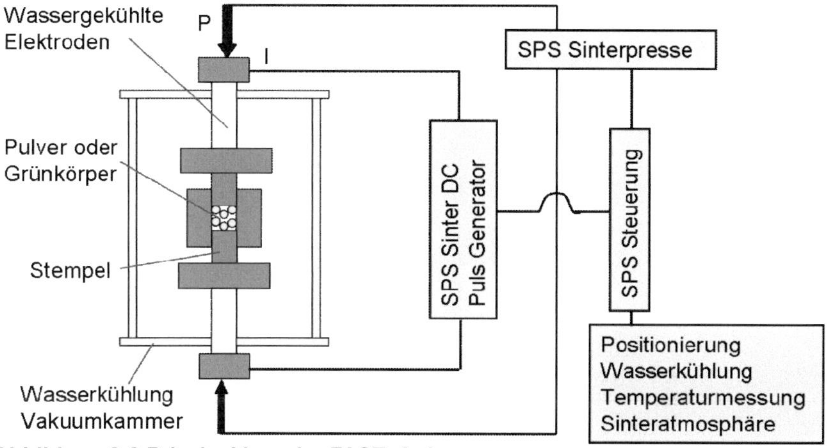

Abbildung 3-3 Prinzipskizze der FAST- Anlage

Die Abkühlung nach der Haltezeit geschah ungeregelt, das heißt am Ende der Haltezeit wurde die Heizung ausgeschaltet. Im dargestellten Prozess (Abbildung 3-6) mit einem 20 mm Werkzeug liegt die gemittelte Abkühlgeschwindigkeit zwischen 1150 °C und 550 °C bei ca. 170 K/min Alle Versuche wurden mit derselben Pulsdauer (25 ms/ 5 ms; Puls/ Pause) durchgeführt Abbildung 3-4 zeigt ein Werkzeug während des Prozesses bei ca. 1100 °C. Die Temperaturmessung geschieht durch eine Bohrung im Stempel ca. 5 mm vom Pulver entfernt. Um den Wärmeverlust zu minimieren, kann um das Werkzeug zusätzlich ein Graphitvlies gewickelt werden. Der bewegliche Oberstempel bringt die Kraft auf. Da die Matrize schwebend gelagert ist, handelt es sich um zweiseitiges Pressen. Nach dem FAST- Prozess wurden die Proben an allen Seiten abgeschliffen, um die anhaftenden Graphitfolien und die entstandene Sinterhaut zu entfernen.

Abbildung 3-4 FAST-Werkzeug im Prozess bei ca. 1100 °C

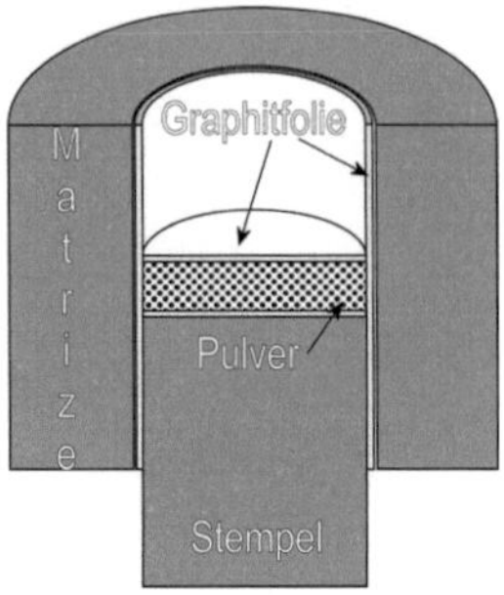

Abbildung 3-5 Schema FAST-Werkzeug mit Pulver und Graphitfolien

Variante	Heizrate	Haltetemperatur	Haltezeit	Druck
100Cr6; 100Cr6 + Hartstoffe	150 k/min	1120 °C	5 min	50 MPa
18Ni350; 18Ni350 + Hartstoffe	150 k/min	1150 °C	3 min	50 MPa

Tabelle 8 Programmdaten der Sinterprogramme für den FAST- Prozess

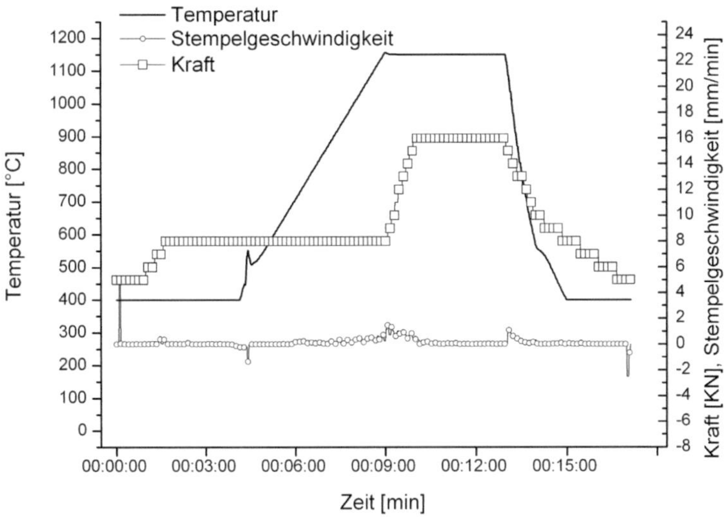

Abbildung 3-6 Programmablauf eines FAST- Prozesses

3.4.2 Freies Sintern und Heißisostatpressen

Einige Proben wurden für Vergleiche mit dem FAST- Verfahren drucklos gesintert oder nachträglich heißisostatisch gepresst. Die Proben für die drucklose Sinterung wurden zuerst kaltisostatisch gepresst (400 MPa) und anschließend in einem $MoSi_2$ beheizten Ofen (Gero) unter Schutzgas gesintert. Als Schutzgas wurde eine strömende Argon- H_2 Mischung verwendet mit 20 % H_2 Durchflussvolumen. Die Sintertemperatur lag bei 1250 °C und wurde 42 min gehalten.

Die Nachverdichtung in der Heißisostatpresse (QIH- 6) wurde an ausgewählten 100Cr6 Proben durchgeführt, die zuvor in der FAST- Anlage gesintert worden waren (Tabelle 8). Dieser Schritt wurde bei 1100 °C und 10 MPa Gasdruck durchgeführt.

3.5 Wärmebehandlung

Die beiden verwendeten Stahlsorten erfordern grundlegend unterschiedliche Wärmebehandlungen. Der 100Cr6 wurde bainitisiert, um eine hohe Härte und gute Festigkeit zu ermöglichen. Dies wird erreicht, indem die Proben zum Austenitisieren auf 830 °C erhitzt und anschließend in einem Salzbad bei ca. 220 °C gehalten werden. Diese Temperatur ist knapp oberhalb der Martensitstarttemperatur (Abbildung 3-7), so dass nach ca. 15 min feiner Bainit entsteht. Die Wärmebehandlung der 100Cr6 Proben wurde in einer externen Härterei durchgeführt.

Auch der Maraging Stahl 18Ni350 wurde nach dem Entfernen der Graphitfolie und der Randschicht austenitisiert (900 °C). Danach wurde wieder auf Raumtemperatur abgekühlt, um ein vollständig martensitisches Gefüge zu erhalten. Die Martensitbildung ist bei diesem Stahl nahezu unabhängig von der Abkühlgeschwindigkeit. Die Abkühlung kann daher auch im Ofen durchgeführt werden. Anschließend findet die Ausscheidungsbildung bei 510 °C statt (reiner 18Ni350, Abbildung 3-8). Für die Al_2O_3- haltigen Varianten wurde die Auslagerungstemperatur und -zeit nicht verändert, während für ZrO_2- haltige Varianten die Auslagerungstemperatur auf 490 °C herabgesetzt wurde.

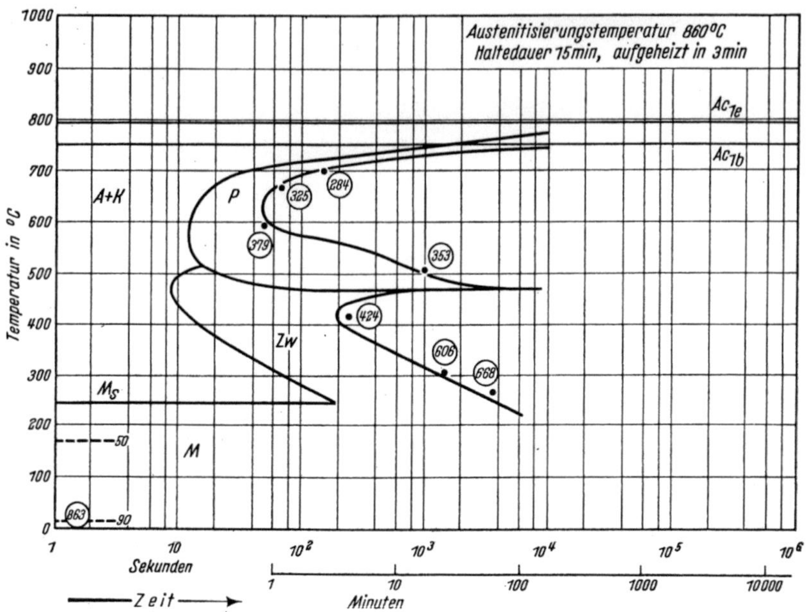

Abbildung 3-7 Isothermes ZTU- Schaubild für 100Cr6 [59]

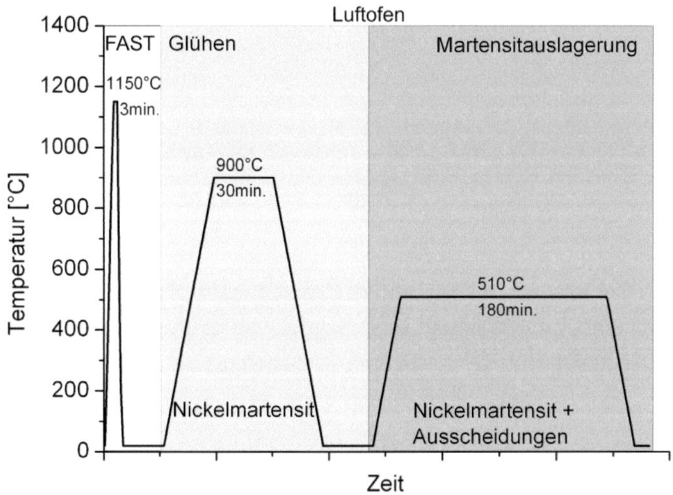

Abbildung 3-8 Ablaufschema der Wärmebehandlungen zur Probenherstellung (18Ni350)

3.6 *Dilatometeruntersuchungen*

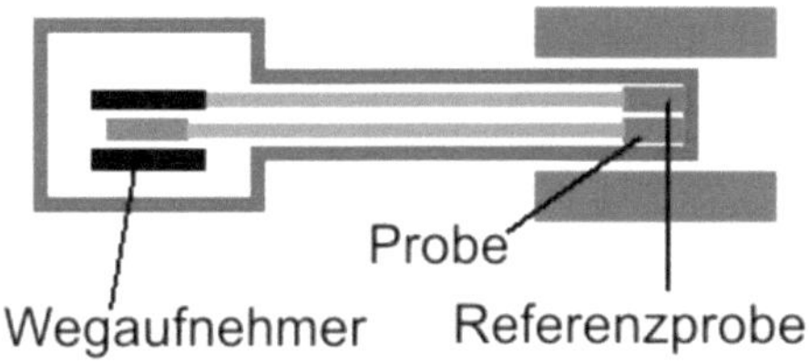

Abbildung 3-9 Prinzipskizze Differenzdilatometer

Mit Hilfe der Dilatometrie sollten Erkenntnisse über Phasenumwandlungen und Ausscheidungsreaktionen gewonnen werden. Die Dilatometermessungen wurden an einem Differenzdilatometer Dil 802 von Bähr durchgeführt (Abbildung 3-9). Die verwendeten Proben waren quaderförmig mit einer Länge von 10,5 mm. Als Referenzprobe wurde ein Al_2O_3 Rohr mit der gleichen Länge verwendet. Um die Messungen später korrigieren zu können, wurde die Referenzprobe zuerst mit einem Saphir kalibriert. Um Oxidation zu vermeiden, wurden die Messungen unter durchströmender Argonatmosphäre durchgeführt. Das Temperaturprogramm beinhaltete Aufheizen mit 5 K/min auf 900 °C, eine Stunde Halten und Abkühlen mit ebenfalls 5 K/min bis auf Raumtemperatur. Allerdings endete die Messung jeweils bei ca. 90 °C, da die Abkühlrate dann nicht mehr zu halten war.

3.7 *Präparation*

Um die Graphitfolie und die durch Graphit beeinflusste Randschicht zu entfernen, wurden bei allen Varianten beidseitig ca. 0,3 mm abgeschliffen (Abbildung 3-10). Vor allem für die Varianten mit 18Ni350 ist dies wichtig, da hier der Kohlenstoff einen großen Einfluss auf die Eigenschaften hat. Dazu wurde SiC- Schleifpapier mit unterschiedlicher Körnung zwischen 80 und 1000 verwendet.

Anschließend wurden die Proben getrennt und heiß eingebettet.

Abbildung 3-10 REM- Aufnahme einer 18Ni350 Probe vor dem Abschleifen der Randschicht

Polierstufe	Dauer	Druck
9 µm	20- 30 min	2 bar
3 µm	10 min	2 bar
1 µm	10 min	2 bar
0,25 µm	0- 15 min	2 bar

Tabelle 9 Polierschritte an der ATM Saphir Poliermaschine

Zur Betrachtung im Licht- und Rasterelektronenmikroskop wurden die Proben meist chemisch geätzt, um die einzelnen Gefügebestandteile besser darstellen zu können. Für Proben mit 100Cr6 wurde alkoholische Salpetersäure, auch Nital genannt, als Ätzmittel verwendet. Für die 18Ni350- Proben wurden unterschiedliche Ätzmittel getestet. Dabei zeigte sich, dass die Frysche Ätzung („Modified Fry's Agent" [60]) oder die Klemm- I Ätzung gut geeignet sind (Tabelle 10). Um eine gleichmäßige Ätzung zu erhalten, wurden die warm eingebetteten Proben ganz in das Ätzmittel eingetaucht und anschließend gründlich mit Alkohol gesäubert. Für Gefügeuntersuchungen am REM wurden die Proben mit Gold besputtert, um Aufladungen der Keramikpartikel zu verhindern.

Material	Ätzmittel	Zusammensetzung	Ätzdauer
100Cr6	Nital	3 % HNO_3 97 % C_2H_5OH	10- 30 s
18Ni350	Klemm- I	Stammlösung: 300 cm^3 H_2O 1000 g $Na_2S_2O_3$*5 H_2O Ätzlösung: 100 g Stammlösung + 2 g $K_2S_2O_5$	1- 3 min
	Frysche Ätzung	45 g $CuCl_2$ 180 ml HCl 100 ml H_2O	1 min

Tabelle 10 Für die unterschiedlichen Stahlsorten verwendete Ätzmittel [61, 60]

3.8 Gefügeuntersuchungen

Die Gefügeuntersuchungen wurden an den geschliffenen und wenn notwendig geätzten Proben durchgeführt. Dazu stand sowohl ein Lichtmikroskop (Olympus AX70) als auch ein Rasterelektronenmikroskop (Stereoscan 440s, Leica) zur Verfügung. Vor allem für die geätzten Proben auf 100Cr6- Basis liefert das Lichtmikroskop Aufnahmen, die die Beurteilung der Mikrostruktur ermöglichen. Aufgrund der feinen Gefüge wurden die meisten Aufnahmen mit einem REM gemacht. Dabei wurde hauptsächlich der SE- Modus verwendet, nur einzelne Aufnahmen wurden aufgrund des besseren Massenkontrastes im BSE- Modus gemacht. Die Zusammensetzung einzelner ausgewählter Bereiche wurde außerdem mit einem an das REM angeschlossenen EDX (Röntec) untersucht. Dafür wurden die Proben mit Platin anstatt mit Gold besputtert, um Überlagerungen mit anderen Reflexen zu vermeiden.

3.9 Mechanische Prüfung

Die Geometrie der Proben für die mechanische Prüfung war durch die Geometrie der Werkzeuge der FAST- Anlage eingeschränkt. Die Rohlinge waren daher Scheiben mit einem Durchmesser von 20 oder 40 mm und einer Höhe von maximal 5 mm. Die Mehrzahl der Untersuchungen, z.B. Härteuntersuchungen oder Mikroskopie, wurde an 20 mm Proben durchgeführt. Für die Zug- und K_{IC}- Versuche war es notwendig Proben mit 40 mm Durchmesser zu verwenden. Die Zugproben wurden als Rundstäbe mit Gewinden zur Einspannung ausgeführt (Abbildung 3-11, Abbildung 3-12). Dabei war es notwendig, den Bereich der Messlänge nach dem Drehen und Härten nochmals zu schleifen, da sonst vermehrt Brüche im Bereich des Übergangs vom Gewinde zur Messlänge auftraten. Die Zugversuche wurden an einer Universalprüfmaschine (Instron 1362) durchgeführt. Dabei wurde die Dehnung mit einem Ansetzdehnungsaufnehmer (Epsilontech, Model 3542) gemessen.

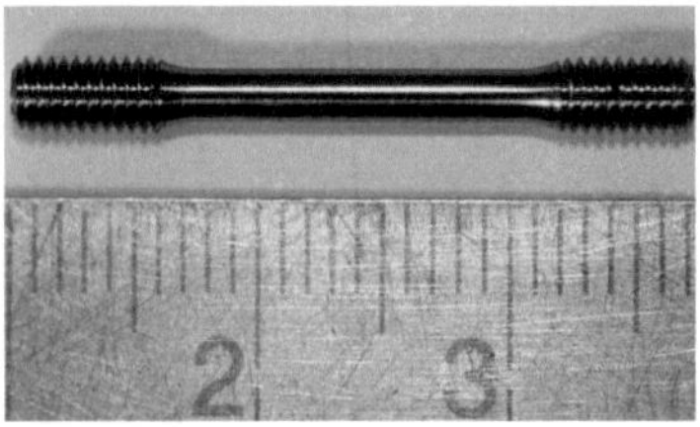

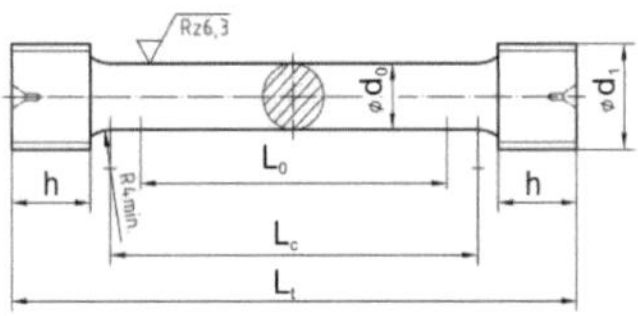

d_0 Probendurchmesser = 2mm
d_1 Metrisches ISO - Gewinde = M4
h Kopfhöhe =min. 5mm
L_0 Anfangsmesslänge = 10mm
L_C Versuchslänge = 12mm
L_t Gesamtlänge = min 24 mm

Abbildung 3-11 Zugprobe

Abbildung 3-12 Maße der Zugproben

Die K_{IC} Proben wurden als SEVNB Proben hergestellt. Die Stäbe hatten die Dimensionen 3x4x25 mm (Abbildung 3-14). Zuerst wurde durch Erodieren eine Vorkerbe eingebracht. Anschließend wurden die gehärteten Proben an einer Kerbmaschine (Abbildung 3-14) mit 15 µm und 3 µm Diamantpaste gekerbt. Die Kerbradien betrugen ca. 20 µm. Die Bruchlast wurde auf einem 4-Punkt-Biegeauflager mit Auflagerabständen von S_1 = 12 mm und S_2 = 6 mm gemessen. Das Verhältnis aus Risslänge a und Probenhöhe W war bei allen Proben im Bereich 0,45 < a/W < 0,55. Anschließend wurden die Bruchflächen am REM untersucht.

Die Auswertung der Versuche erfolgte nach der Vorgehensweise wie sie von Munz und Fett [62] vorgeschlagen wird. Die Formeln für die Auswertung sind im Folgenden angeben:

$$K_{IC} = \frac{F_{max}}{B\sqrt{W}} * \frac{S_1 - S_2}{W} * \frac{3\Gamma_M \sqrt{\alpha}}{2(1-\alpha)^{3/2}}$$ Gleichung 2.1

Dabei ist B die Probenbreite, α das Verhältnis a/W und Γ_M berechnet sich aus

$$\Gamma_M = 1{,}9887 - 1{,}326\alpha - \frac{(3{,}49 - 0{,}68\alpha + 1{,}35\alpha^2)\alpha(1-\alpha)}{(1+\alpha)^2}$$ Gleichung 2.2

Abbildung 3-13 K_{IC} Probe

Abbildung 3-14 Kerbmaschinc zur Einbringung der SEVNB- Kerbe

3.10 E- Modulmessungen

Der E- Modul der Werkstoffe wurde zum einen aus der Steigung der Hookeschen Geraden aus den Zugversuchen bestimmt, zum anderen wurden auch Messungen mit Hilfe der Resonanzfrequenzmessungen gemacht. Dazu wurde das Gerät Grindosonic MKi5 verwendet. Die Probengeometrie entsprach den Proben für die K_{IC}- Messungen (25x4x3 mm), allerdings wurden die Proben nicht gekerbt. Zur Messung wurden die Stäbe auf zwei Stützen aufgelegt und mit Hilfe eines Klöppels in Schwingung versetzt. Dabei sind die drei Schwingungsmodi flexural, longitudinal und torsional zu unterscheiden. Die Querkontraktionszahl wurde als konstant angenommen (v = 0,3). Daher war es ausreichend, nur die Biegeschwingung auszuwerten

3.11 Tribologische Untersuchungen

Die tribologischen Untersuchungen wurden in Kooperation mit der Hochschule Aalen durchgeführt. Für die Versuche wurden von jeder Werkstoffvariante zwei Scheiben mit einem Durchmesser von 10 mm hergestellt. Diese wurden wärmebehandelt und anschließend poliert (3 µm Suspension). Die Proben wurden dann gegen eine reversierende 100Cr6- Kugel unter den in Tabelle 11 angegebenen Bedingungen auf Verschleiß untersucht. Als Schmiermittel wurde Diesel verwendet. Anschließend wurde die Spurtiefe mit einem Weißlichtinterferometer ausgemessen.

Belastung	Schwingweite	Frequenz	Zyklen	Gleitgeschwindigkeit	Dauer
50 N	2,0 mm	50 Hz	180000	0,2 m/s	1 h

Tabelle 11 Bedingungen für die „Ball gegen Scheibe"- Untersuchung

4 Verträglichkeit Fe- Hartstoff

Die Versuche zur Verträglichkeit der Eisenmatrix mit den Hartstoffen wurden mit Carbonyleisen und den unten angeführten Hartstoffen durchgeführt. Dabei wurden auch einige Hartstoffe verwendet, bei denen eine deutliche Reaktion mit Eisen zu erwarten war. Es sollte überprüft werden, ob mit Hilfe der niedrigen Prozesstemperaturen und kurzen Prozesszeiten der FAST- Anlage auch Nicht-Gleichgewicht- Gefüge möglich sind. Als Hartstoffe wurden untersucht: Al_2O_3, NbC, SiC, Si_3N_4, TiB_2, TiC, TiN, WC und ZrO_2. In diesen Voruntersuchungen wurden Zusammensetzungen mit jeweils 15 Vol. % Hartstoff verwendet.

Für die Verträglichkeitsversuche wurde Carbonyleisenpulver mit dem jeweiligen Hartstoff gemahlen und anschließend bei 1000 °C und 5 min Haltezeit in der FAST-Anlage verdichtet. Eine Ausnahme bildet der Hartstoff TiC, der nur in Verbindung mit dem später verwendeten Matrixmaterial 100Cr6 untersucht wurde. Reines Carbonyleisenpulver konnte bei diesen Bedingungen auf über 99 % der theoretischen Dichte gebracht werden. Für die Beurteilung der Kompatibilität wurden die Stabilität des Hartstoffs, die Mikrostruktur und der Einfluss auf die Verdichtung herangezogen.

4.1 Ergebnisse Kompatibilität Fe- Hartstoff

Die Kombination **Fe und Al_2O_3** (Abbildung 4-1) weist eine gute Verdichtung bis 97 % der th. Dichte auf. Die REM- Aufnahmen zeigen eine zeilenförmige Mikrostruktur mit agglomerierten Hartstoffpartikeln um die gestreckten Ferritkörner. In diesen Anhäufungen des Al_2O_3 sind Poren zu sehen, da bei den geringen Sintertemperaturen innerhalb des Al_2O_3 noch keine ausreichende Verdichtung erreicht wird. Allerdings zeigt die XRD- Untersuchung (Abbildung 4-2), dass trotz der kurzen Sinterzeiten und niedrigen Temperaturen Fe und Al_2O_3 zu $FeAl_2O_4$ (Hercynit) reagierten, das in der Spinellstruktur kristallisiert. Dies deutet auf einen Sauerstoffüberschuss hin, der durch das Mahlen der Pulver eingebracht wird.

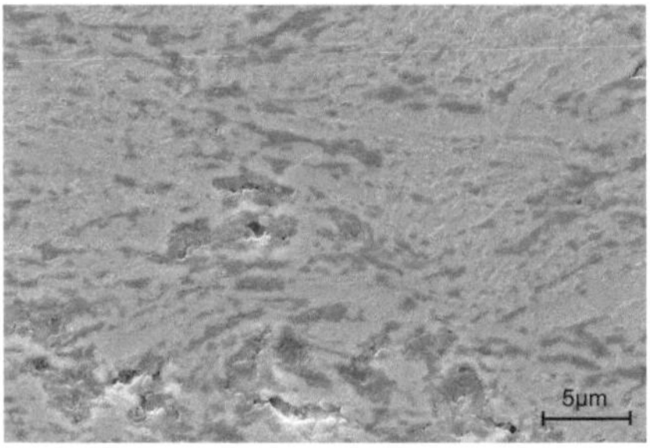

Abbildung 4-1 Fe + Al_2O_3 Gefüge

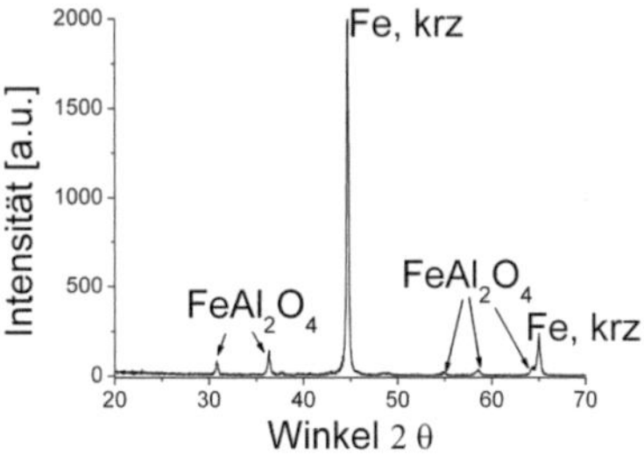

Abbildung 4-2 Röntgendiffraktogramm Fe + Al_2O_3

Fe und NbC (Abbildung 4-3) erreicht bei der FAST- Sinterung eine Dichte von nur ca. 94 % th. Dichte. Das Gefüge zeigt im Vergleich zu anderen Varianten große Poren. Die NbC- Partikel sind isoliert und gleichmäßig im Gefüge verteilt. Das Röntgendiffraktogramm (Abbildung 4-4) zeigt noch deutliche Anteile von NbC mit Spuren von Fe_3C und C, was darauf hindeutet, dass Nb sich im Eisen löst und das frei werdende C zu Fe_3C reagiert.

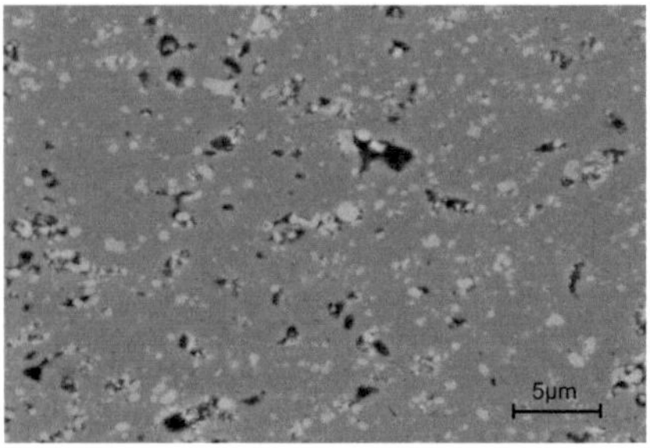

Abbildung 4-3 Fe + NbC Gefüge, viele Poren

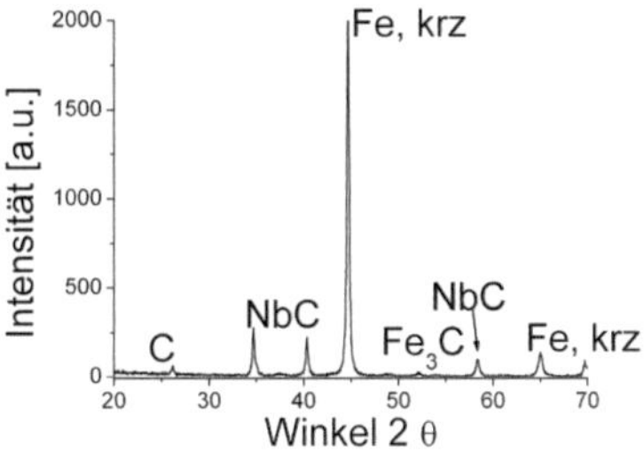

Abbildung 4-4 Röntgendiffraktogramm Fe + NbC

Bei der Kombination von **Fe und SiC** (Abbildung 4-5) stellt sich ebenfalls heraus, dass die kurze Prozesszeit eine Reaktion nicht verhindern kann. Das Gefüge zeigt dunkle Bereiche, die aber aufgrund der Röntgenuntersuchungen nicht als SiC- Partikel gedeutet werden können. Es sind kaum Poren erkennbar, obwohl die Dichte der Probe nur bei 93 % th. Dichte liegt. Es ist anzunehmen, dass die Poren während der Präparation zugeschmiert werden, da hier keine Partikel die Struktur stabilisieren. Das Diffraktogramm (Abbildung

4-6) zeigt keine Reflexe, die auf SiC hindeuten, so dass anzunehmen ist, dass sich diese Partikel im Eisen gelöst haben.

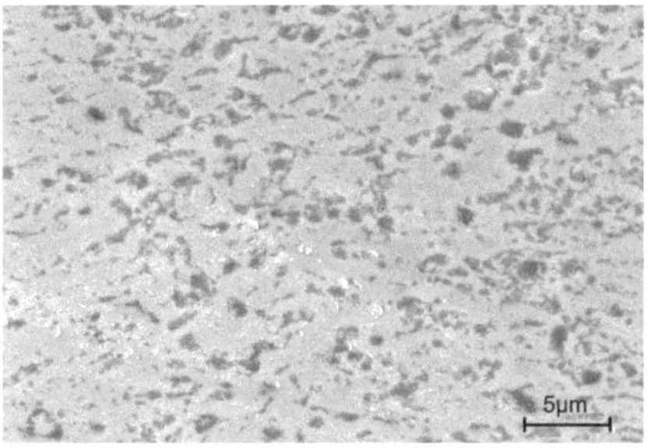

Abbildung 4-5 Fe + SiC- Gefüge

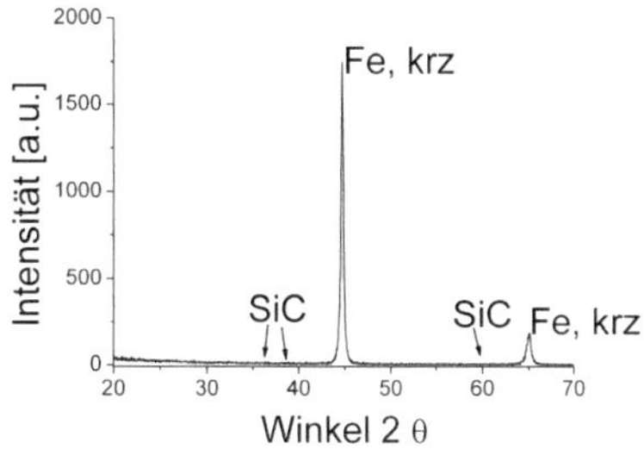

Abbildung 4-6 Röntgendiffraktogramm Fe + SiC

Für **Fe und Si_3N_4** (Abbildung 4-7) ergibt sich ein ähnliches Bild wie bei SiC. Allerdings ist die Anordnung der Si_3N_4- Partikel zeilenförmig und vereinzelt sind größere Poren sichtbar. Das Diffraktogramm (Abbildung 4-8) zeigt noch leichte Spuren von Si_3N_4, was darauf hindeutet, dass noch nicht alles Si_3N_4 mit dem Eisen reagiert hat. Die relative Dichte beträgt 91 % th. Dichte. Wie auch bei SiC ist anzunehmen, dass die Poren bei der Präparation zugeschmiert wurden.

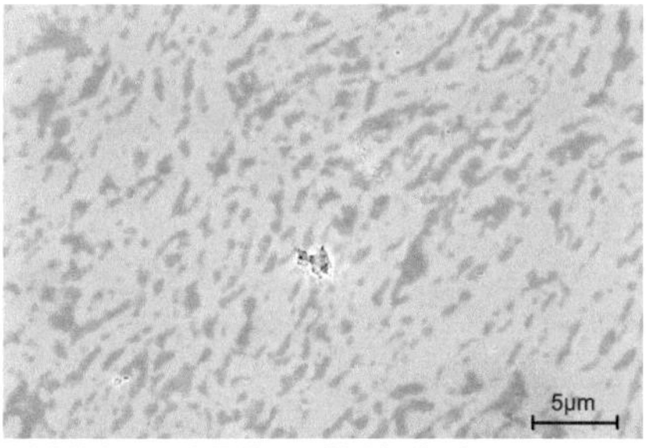

Abbildung 4-7 Fe + Si_3N_4 Gefüge

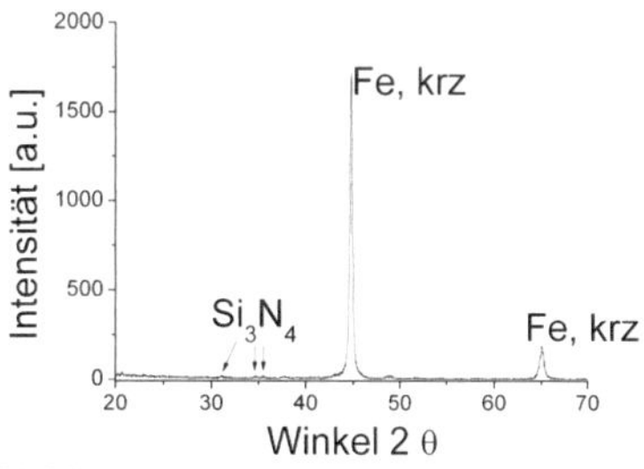

Abbildung 4-8 Röntgendiffraktogramm Fe + Si_3N_4

Die Mikrostruktur von **Fe und TiB_2** (Abbildung 4-9) zeigt neben der Eisenmatrix zwei weitere Phasen. Wie aus dem Diffraktogramm (Abbildung 4-10) zu erkennen ist, handelt es sich dabei um TiB_2 (dunkel) und Fe_2B (heller). Die Partikel liegen in einer gleichmäßigen Verteilung in der Matrix vor. An den Grenzflächen zwischen Matrix und Hartstoff sind vereinzelt Poren erkennbar.

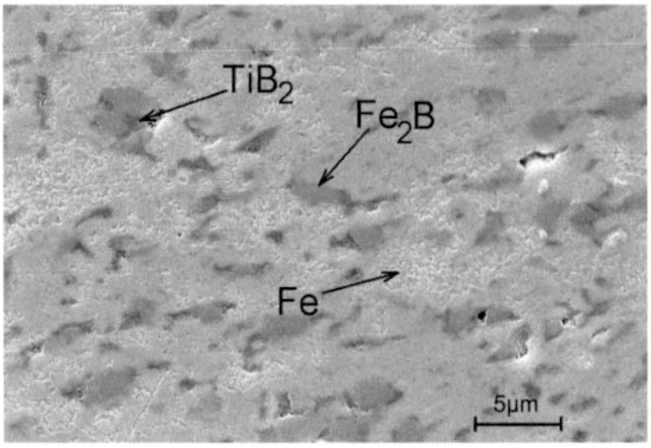

Abbildung 4-9 Fe + TiB_2 Gefüge

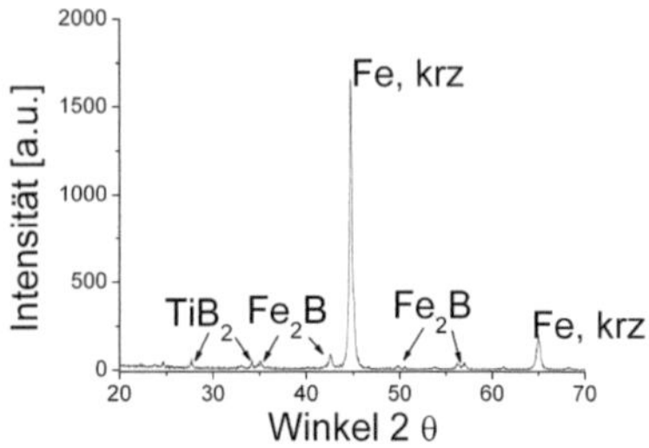

Abbildung 4-10 Röntgendiffraktogramm Fe + TiB_2

Zum Zeitpunkt der Untersuchungen an **Fe und TiC** lag bereits das später verwendete Stahlpulver 100Cr6 vor, daher wurden hier die Versuche nicht wie bei den anderen Varianten mit Carbonyleisen, sondern mit 100Cr6 durchgeführt (Fe, 1 % C, 1,5 % Cr). Die Dichte dieser Kombination war mit 98 % th. Dichte sehr gut. Sowohl im REM (Abbildung 4-11) als auch im Röntgendiffraktogramm (Abbildung 4-12) sind keine Reaktionsprodukte zu erkennen. Der im Diffraktogramm erkennbare Zementit ist durch den Kohlenstoffgehalt im Stahl zu erwarten. Die Verteilung der TiC- Partikel in der Matrix ist homogen. Im Bereich der TiC- Partikel sind einzelne Poren sichtbar, die aber auch durch Ausbrüche bei der Präparation entstehen können.

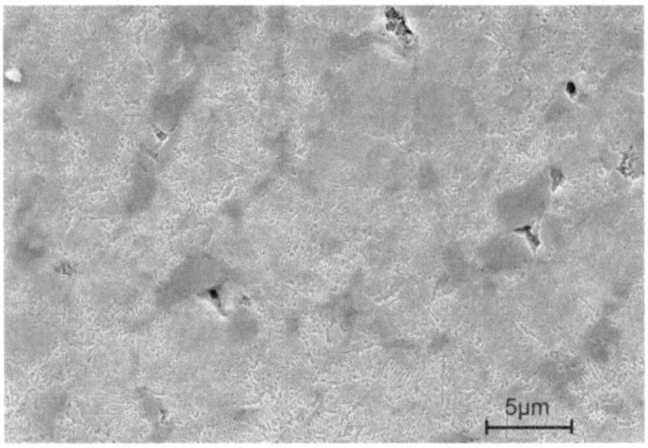

Abbildung 4-11 Fe + TiC Gefüge

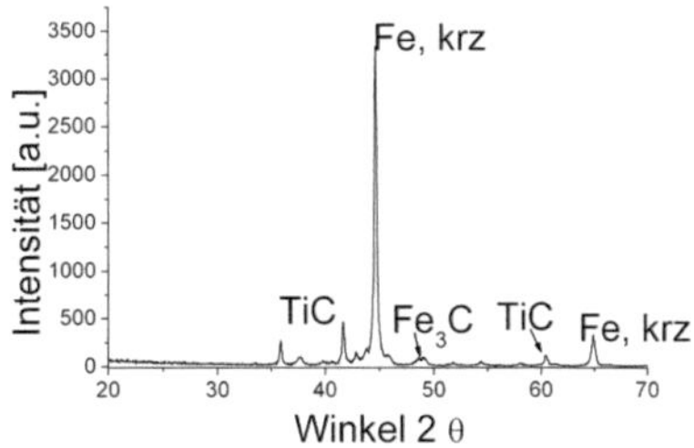

Abbildung 4-12 Röntgendiffraktogramm Fe + TiC

Fe und TiN (Abbildung 4-13) zeigen ebenfalls keine erkennbare Reaktion. Die Mikrostruktur zeigt auch hier eine gleichmäßige Verteilung der Hartstoffpartikel. Die Dichte war mit knapp 96 % th. Dichte hoch im Vergleich zu anderen

Hartstoffen. Im Diffraktogramm (Abbildung 4-14) erscheinen die erwarteten Peaks für Fe und TiN.

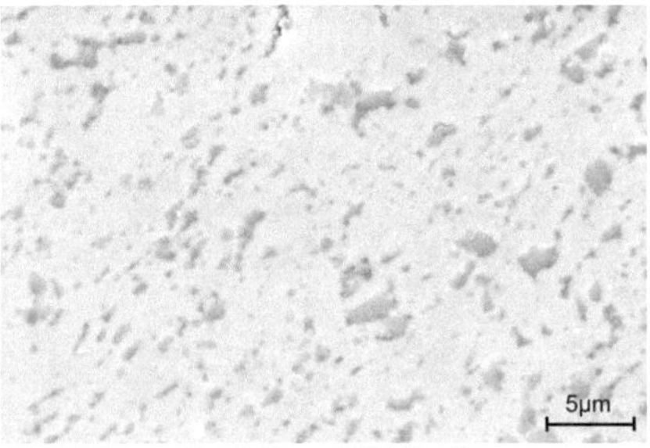

Abbildung 4-13 Fe + TiN Gefüge

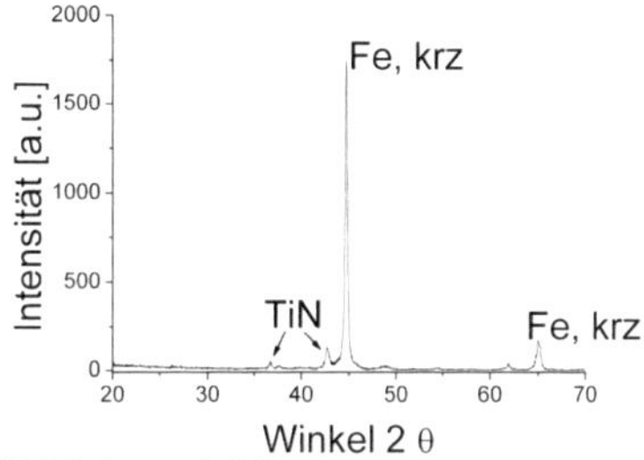

Abbildung 4-14 Röntgendiffraktogramm Fe + TiN

Fe und ZrO_2 (Abbildung 4-15) lässt sich auf über 99 % th. Dichte sintern und weist damit eine genauso gute Enddichte auf wie reines Carbonyleisen. Die Mikrostruktur zeigt ein leicht zeilenförmiges Gefüge ohne sichtbare Poren. Durch die Ätzung heben sich die ZrO_2- Partikel deutlich vom Eisen ab. Reaktionsprodukte sind auch im Diffraktogramm (Abbildung 4-16) nicht zu erkennen. Die deutlichsten ZrO_2 Peaks weisen auf eine monokline Modifikation hin; Peaks, die auf tetragonale Anteile hinweisen sind nur sehr schwach.

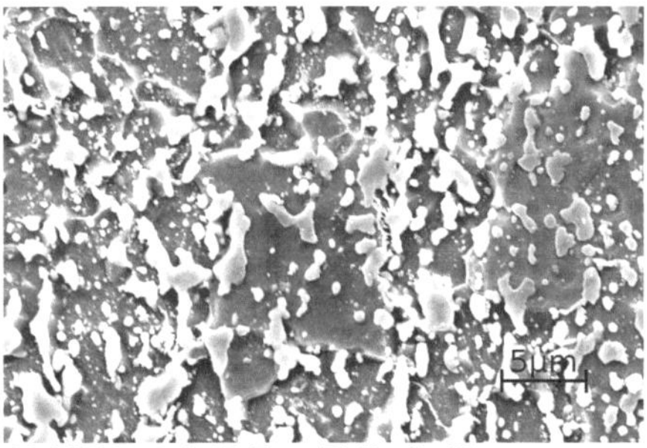

Abbildung 4-15 Fe + ZrO_2 Gefüge

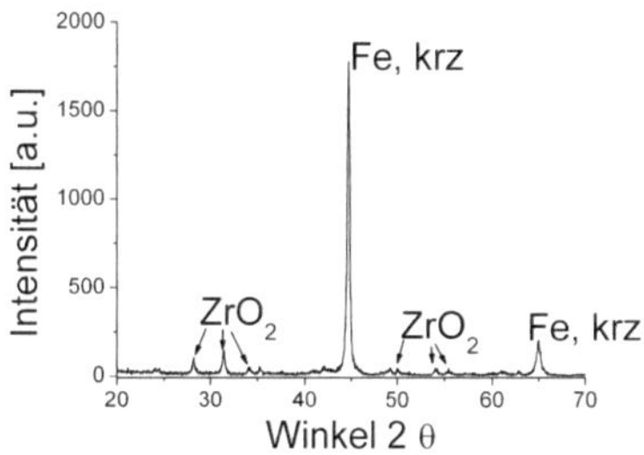

Abbildung 4-16 Röntgendiffraktogramm Fe + ZrO_2 (monoklin)

Die Mikrostruktur von **Fe und WC** zeigt eine regellose Verteilung der WC-Partikel. Die Dichte liegt bei ca. 95 % der theoretischen Dichte. Die Partikelgrößenverteilung des Wolframkarbids weist einen deutlichen Feinanteil auf, was auch noch in der Mikrostruktur (Abbildung 4-17) zu erkennen ist. Das Diffraktogramm (Abbildung 4-18) zeigt deutlich die WC- Anteile, andere Reaktionsprodukte sind nicht erkennbar.

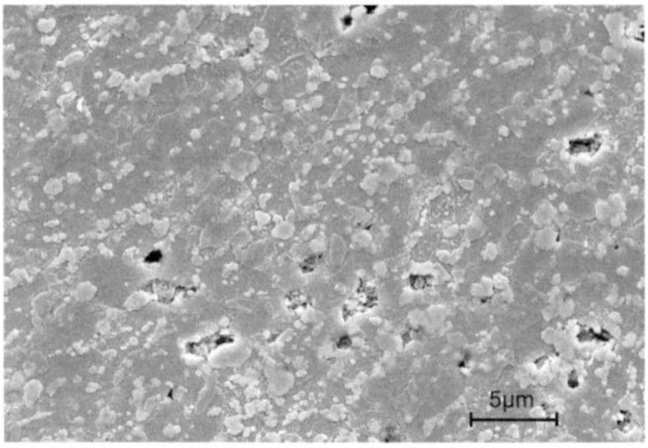

Abbildung 4-17 Fe + WC Gefüge

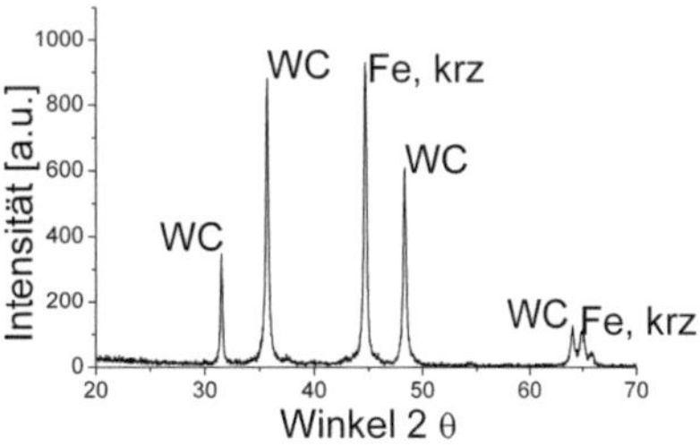

Abbildung 4-18 Röntgendiffraktogramm Fe + WC

4.2 Diskussion - Kompatibilitätsuntersuchungen

Bei den Versuchen zur Kompatibilität zeigte sich, dass bei einigen Varianten eine Reaktion auch durch die kurzen Prozesszeiten in der FAST- Anlage nicht vermieden werden kann. Die Versuche fanden bei einer Temperatur von 1000 °C und Haltezeiten von 5 min statt.

Bei der Kombination von Fe mit Al_2O_3 entstand die Verbindung $FeAl_2O_4$ (Hercynit). Das entsprechende Phasendiagramm (Abbildung 4-19) zeigt, dass Fe und Al_2O_3 bei leichtem Überschuss an Sauerstoff zu dieser Verbindung reagieren. Der Sauerstoffüberschuss lässt darauf schließen, dass beim mechanischen Legieren zusätzlicher Sauerstoff eingebracht wurde.

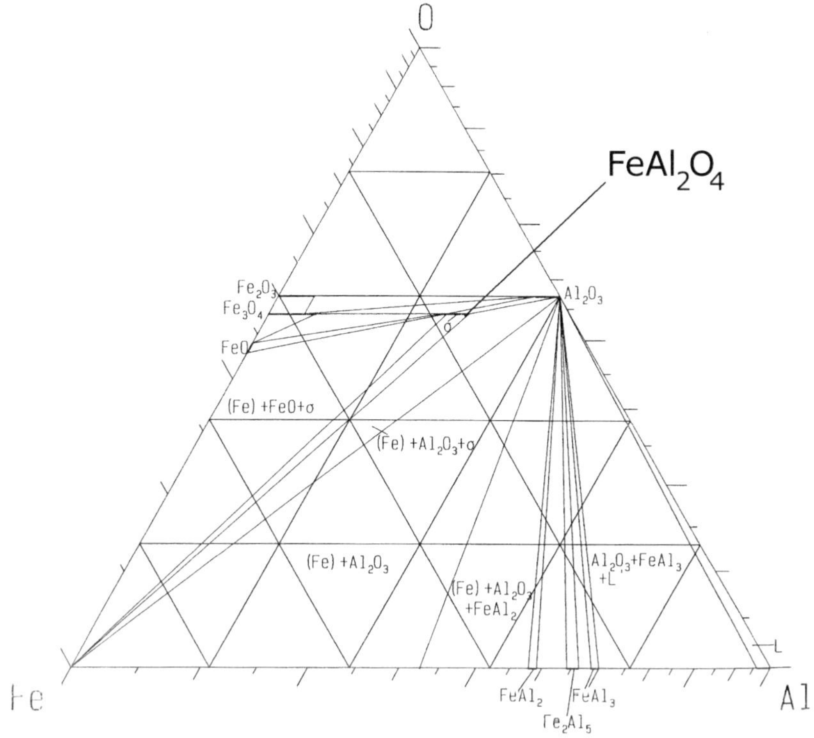

Abbildung 4-19 Phasendiagramm Fe- Al- O bei 700 °C

NbC war thermodynamisch stabil mit Fe, zeigte allerdings nur eine geringe Verdichtung und wurde deshalb nicht weiter untersucht.

Die siliziumhaltigen Hartstoffe SiC und Si_3N_4 zeigten sehr ähnliches Verhalten, wobei beide trotz der kurzen Prozesszeiten mit der Eisenmatrix reagierten. Anschließende Röntgenuntersuchungen zeigten, dass die Hartstoffkompenente nahezu vollständig umgesetzt wurde. Ursache hierfür ist die sehr hohe Löslichkeit von Si in Fe. Daher wurden auch diese beiden Hartstoffe für weitere Untersuchungen nicht mehr in Betracht gezogen.

Im System Fe- TiB_2 bildet sich auch bei geringen TiB_2- Gehalten schon ab 1170 °C eine flüssige Phase [63]. Im Diffraktogramm ist zu sehen, dass auch hier, trotz kurzer Prozesszeiten die thermodynamsich stabilen Phasen Fe, TiB_2 und Fe_2B entstanden sind. Aufgrund der Mikrostruktur und des entstandenen

Fe_2B ist davon auszugehen, dass während des FAST- Prozesses lokal die Schmelztemperaur von 1170 °C erreicht wird und es damit zu einer Schmelzphasenbildung kommt. Dies bestätigt die Ergebnisse von Song [55], der zeigen konnte, dass es während des FAST-Prozesses durch den direkten Stromdurchgang an Stellen mit hohem Widerstand zu deutlichen Temperaturüberhöhungen kommen kann.

Eine vielversprechende Kombination war Fe mit ZrO_2. Hier ergaben sich mit über 99 % die besten Dichten aller getesteten Varianten. Dies könnte darauf zurück zu führen sein, dass ZrO_2 selbst bei den verwendeten Sintertemperaturen schon verdichtet. Dadurch kommt es auch bei Poren zwischen ZrO_2-Partikeln zur Verdichtung. Ein hohes Potenzial wurde auch bei der Kombination Fe mit WC gesehen. Zum einen wird WC oftmals in Hartmetallen, unter anderem auch mit Eisenbindern, verwendet und zum anderen zeigten die Kompatibilitätstests gute Ergebnisse bei Mikrostruktur und Stabilität. Die Dichte war allerdings nicht ganz so gut wie die der ZrO_2- Variante. TiC wurde in Kombination mit 100Cr6 untersucht. Die guten Ergebnisse in Bezug auf Mikrostruktur, Stabilität und Härte legten nahe, TiC für weitere Untersuchungen auszuwählen. Aufgrund der deutlich höheren Härte des TiCs wurde es auch dem sonst sehr ähnlichen TiN vorgezogen.

Von den verwendeten Hartstoffen wurden TiC, WC und ZrO_2 als die drei Kandidaten für weitere Untersuchungen ausgewählt. Wie Tabelle 12 zeigt, bieten diese drei Kombinationen interessante und gleichzeitig unterschiedliche Eigenschaften in Bezug auf Verdichtung, Mikrostruktur, erwartete Härtesteigerung und Reaktionen.

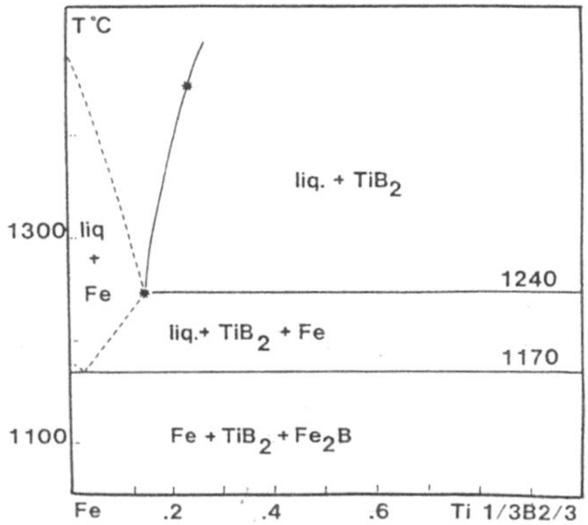

4-20 Quasibinäres Phasendiagramm Fe- TiB_2

Kombination	Thermodynamisch erwartete Stabilität	Durch FAST erreicht Stabilität	Dichte	Auswahl 100Cr6	18Ni350
Fe + Al_2O_3	+	O	+		•
Fe + NbC	O	+	-		
Fe + SiC	-	-	-		
Fe + C + Si_3N_4	-	-	-		
Fe + TiB_2	+	-	-		
100Cr6 + TiC	+	+	+	•	
Fe + TiN	O	+	+		
Fe + ZrO_2	+	+	+	•	
Fe + WC	O	+	O	•	•

Tabelle 12 Zusammenfassung der Untersuchungen von Fe + Hartstoff (+ = gut, O= ausreichend, - = schlecht, • = für weitere Untersuchungen ausgewähltes System)

5 Ergebnisse – 100Cr6- Dispersionswerkstoffe

Die Untersuchungen zur Partikelgröße während des mechanischen Legierens zeigen, dass die Art des Hartstoffes keinen oder nur einen sehr geringen Einfluss auf die Partikelgröße hat. Mit zunehmender Mahldauer steigt die Partikelgrößer aller Variante leicht an (Abbildung 5-1).

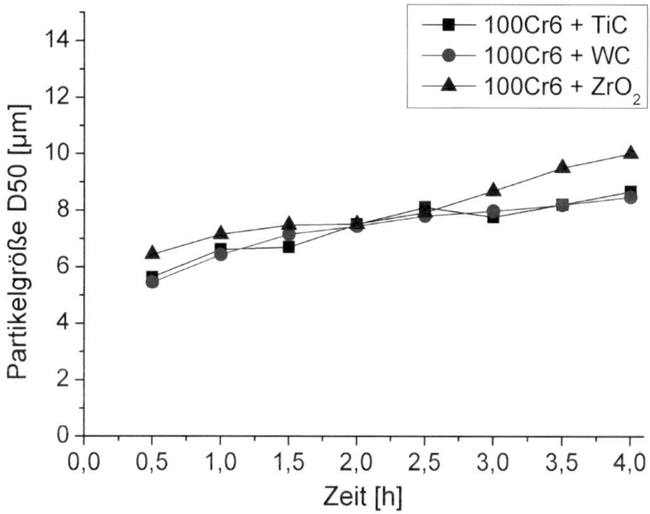

Abbildung 5-1 Partikelgrößenentwicklung während des Mahlens mit unterschiedlichen Hartstoffen

5.1 Konsolidierung

100Cr6 ließ sich alleine und in Kombination mit den drei Hartstoffen WC, TiC und ZrO_2 gut verdichten. Durch eine Anpassung des FAST- Prozesses (1120 °C, 3 min) konnten für alle Varianten Dichten über 97 % th. Dichte erreicht werden. Bei einer weiteren Erhöhung der Temperatur zeigte sich bei WC- haltigen Varianten ein Aufschmelzen der Probe und damit auch starke Beschädigungen an den FAST-Werkzeugen.

Wie schon in den Vorversuchen zeigte die ZrO_2- haltige Probe die höchste und die WC- haltige Probe die niedrigste Dichte der hartstoffhaltigen Varianten (Tabelle 13). Abbildung 5-2 zeigt den Stempelweg des Oberstempels in der

FAST- Anlage. Es ist erkennbar, dass die Verdichtung bei den Varianten mit WC und TiC etwas früher beginnt als beim reinen 100Cr6. Auffällig sind die beiden Volumensprünge bei ca. 700 °C und 1000 °C. Bei der ZrO_2- haltigen Variante ist die erste Stufe nur sehr schwach ausgeprägt. Beim reinen Matrixmaterial sind die beiden Stufen bei leicht versetzten Temperaturen zu erkennen.

Probe	Partikelgröße [D_{50}, µm]	Dichte [g/cm^3]	Pressdichte [%] (bei 16 MPa)	Rel. Dichte [%] (FAST)
100Cr6	7,9	7,756		99,4
100Cr6 + 15 Vol. % TiC	8,5	7,41	45,9	98,1
100Cr6 + 15 Vol. % WC	6,6	9,01	51,3	97,4
100Cr6 + 15 Vol. % ZrO_2	10,0	7,57	48,4	99,1

Tabelle 13 Eigenschaften des Matrixmaterials und der mechanisch legierten Dispersionspulver

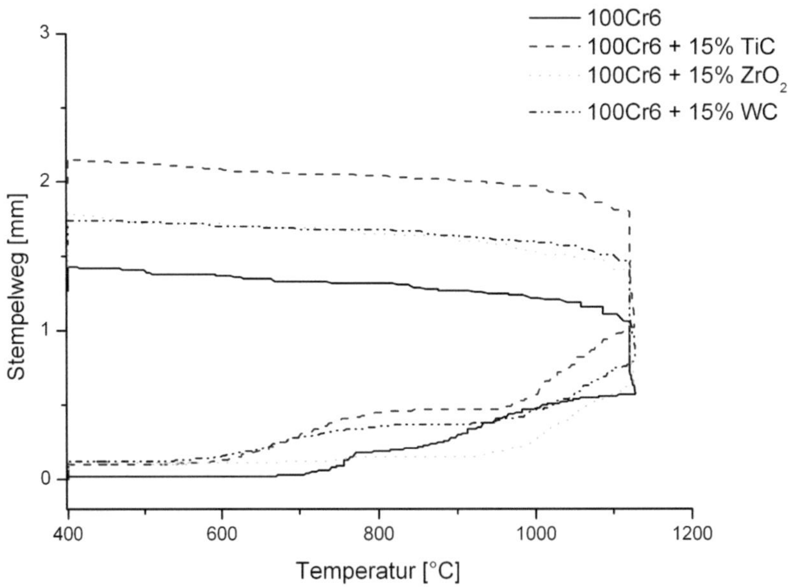

Abbildung 5-2 Stempelweg in Abhängigkeit der Prozesstemperatur für die unterschiedlichen Varianten

5.2 Mikrostruktur

Die Mikrostruktur des ungehärteten 100Cr6 zeigt ein Gefüge aus äquiaxialen Perlit-Körnern mit einem Zementitnetz an den Korngrenzen (Abbildung 5-4). Die Korngröße ist mit etwas über 10 µm immer noch sehr fein und nur unwesentlich gröber als beim Ausgangspulver. Abbildung 5-3 zeigt, dass das mechanische Legieren und die Zugabe von Hartstoffpartikeln die Korngröße nochmals reduzieren.

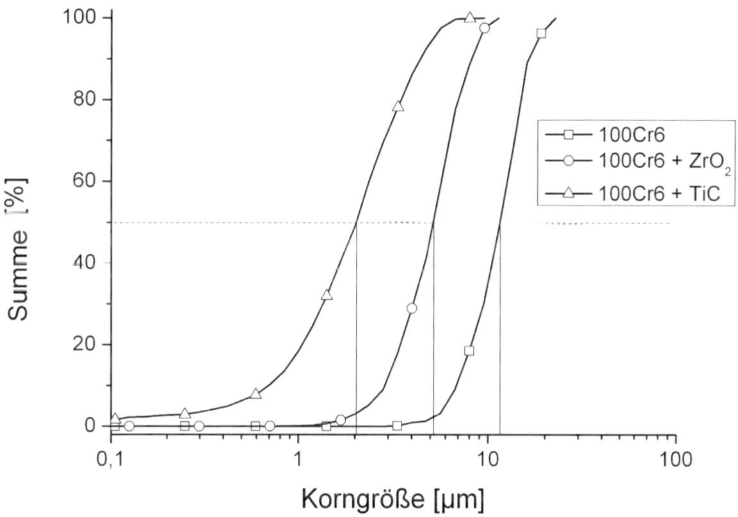

Abbildung 5-3 Vergleich der Korngröße von 100Cr6 mit und ohne Hartstoffpartikel bei FAST

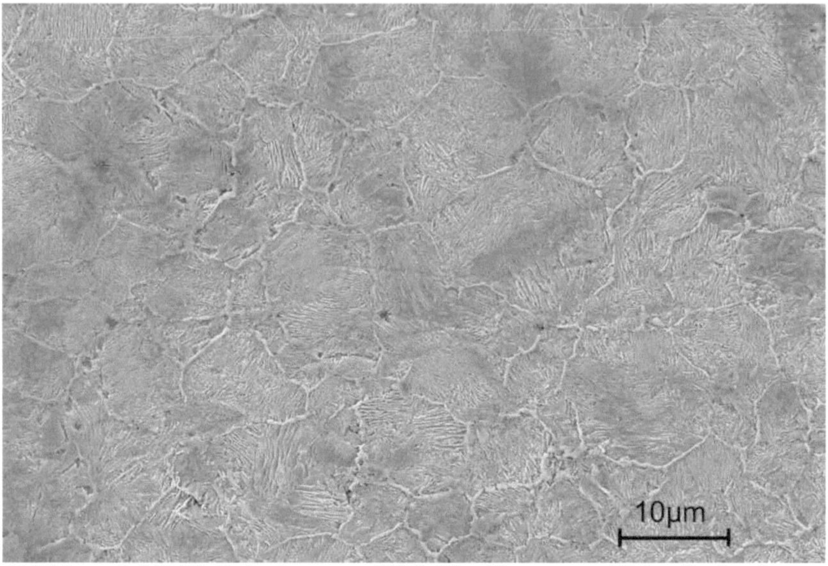

Abbildung 5-4 REM- Aufnahme von 100Cr6 im lösungsgeglühten Zustand

Die Aufnahme (Abbildung 5-5) zeigt reinen 100Cr6 nach dem Bainitisieren. Im Vergleich zum lösungsgeglühten Zustand (Abbildung 5-4) ist zu erkennen, dass das Fe_3C Netzwerk an den ehemaligen Austenitkorngrenzen eingeformt wurde. Der Bainit zeigt im Vergleich zum lamellaren Perlit aus dem geglühten Zustand eine nadelige Mikrostruktur. Es ist keine Kornvergröberung zu erkennen.

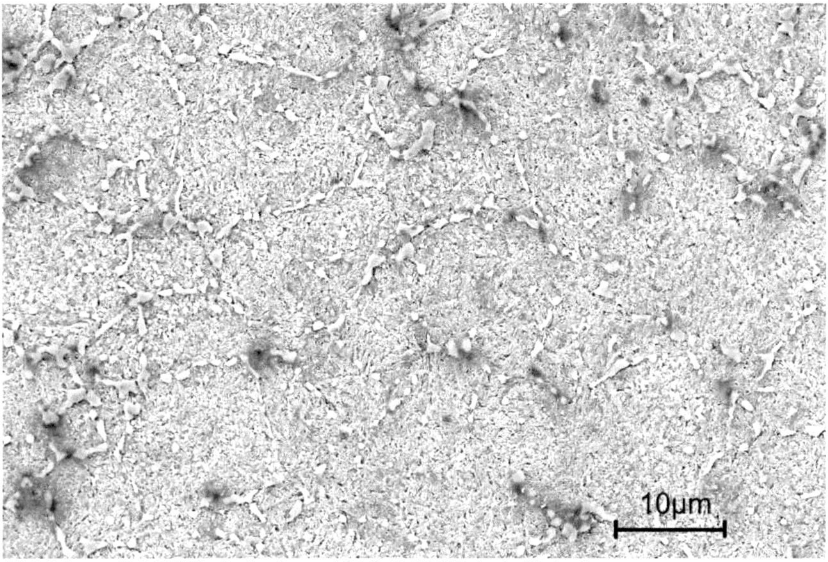

Abbildung 5-5 REM- Aufnahme 100Cr6 FAST, bainitisiert

5.2.1 100Cr6 + TiC

Die Partikelgrößenverteilung nach dem Mahlen der Pulvermischung aus 100Cr6 und TiC zeigt, dass sich die Verteilung im Vergleich zu ungemahlenem 100Cr6 leicht verbreitert hat (Abbildung 5-6). Obwohl sich der Hauptpeak hin zu größeren Partikelgrößen verschiebt, bleibt der D_{50} nahezu identisch, da im Bereich um 1 µm das Histogramm deutlich den Beitrag der TiC- Partikel zeigt. Daher ist anzunehmen, dass nicht alle TiC- Partikel in die Stahlmatrix eingemahlen sind.

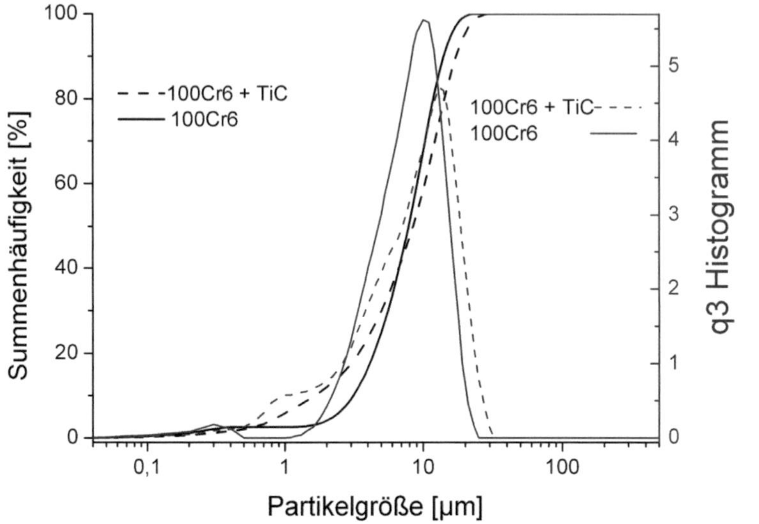

Abbildung 5-6 Partikelgrößenverteilung 100Cr6 + TiC, 4 h gemahlen

Die Mikrostruktur des gesinterten Materials zeigt eine gleichmäßige Verteilung der TiC- Partikel in der Stahlmatrix (Abbildung 5-7). Neben dem TiC ist an ehemaligen Austenitkorngrenzen auch das heller erscheinende Fe_3C zu erkennen. Die Kornstruktur ist feiner als die der reinen 100Cr6- Matrix: die Körner erscheinen im Gegensatz zu den anderen Varianten äquiaxial. Die Abbildung 5-8 der bainitisierten Probe lässt erkennen, dass auch hier das Fe_3C Netzwerk an den Korngrenzen durch das Bainitisieren deutlich reduziert wird. Als weiterer Unterschied zur reinen 100Cr6- Matrix ist zu erkennen, dass auch einzelne, gröbere Fe_3C- Körner entstanden sind. Die Korngrenzen sind im bainitisierten Zustand nicht mehr zu erkennen.

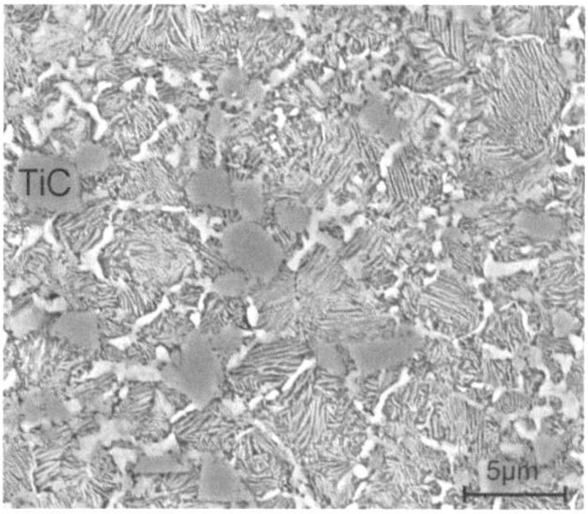

Abbildung 5-7 100Cr6 +TiC, weichgeglüht

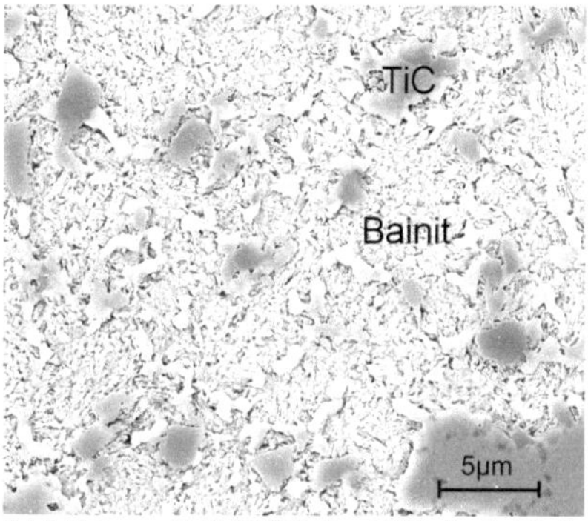

Abbildung 5-8 100Cr6 + TiC, bainitisiert

5.2.2 100Cr6 + WC

Für die Kombination von 100Cr6 mit Wolframkarbid wurde WC- Pulver mit einer Partikelgröße von 0,85 µm D_{50} verwendet. In der Partikelgrößenverteilung zeigt sich das WC- Pulver deutlich als Feinanteil im Histogramm (Abbildung 5-9). Auch die Mikrostruktur zeigt die feinen WC- Partikel an den Korngrenzen der Stahlmatrix. Durch die Anlagerung des WC an den durch das Mahlen ausgewalzten Stahlpartikeln entsteht ein zeilenförmiges, netzartiges Gefüge, wobei die einzelnen WC- Partikel zumeist noch erkennbar sind.

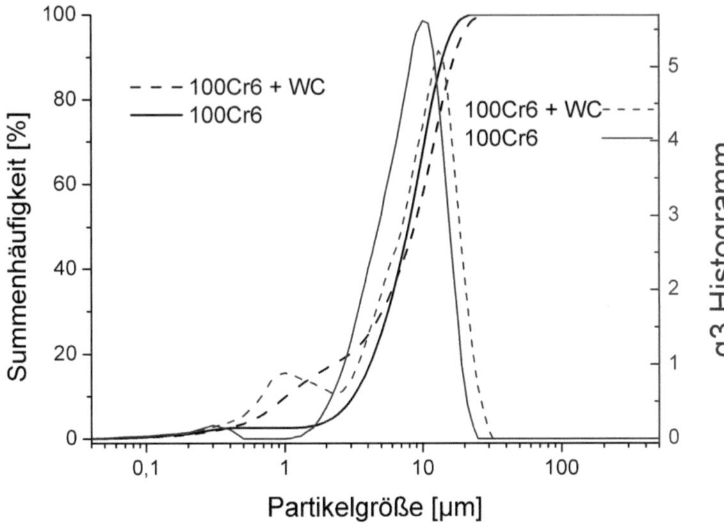

Abbildung 5-9 Partikelgröße des gemahlenen 100Cr6 + WC Pulvers

Das Rückstreubild (Abbildung 5-10) zeigt im weichgeglühten Zustand deutlich den Kontrast zwischen Fe_3C und den WC- Partikeln. Diese Bestandteile liegen nebeneinander an den Korngrenzen der 100Cr6- Matrix vor. Wie bereits beschrieben, waren die Varianten mit WC besonders empfindlich gegen Temperaturänderungen und neigten früher als die anderen Varianten dazu, aufzuschmelzen. An einigen Stellen des Gefüges zeigen sich schon nach FAST und Bainitisieren dunkle Stellen im Gefüge (Abbildung 5-11, Pfeil). Bei genauerer Betrachtung erkennt man, dass es sich dabei um Schichten an Korngrenzen handelt (Abbildung 5-12). Diese Bereiche entziehen sich einer genaueren Untersuchung durch Röntgendiffraktometrie oder EDX, da sie sehr fein sind, bzw. einen zu geringen Volumenanteil aufweisen.

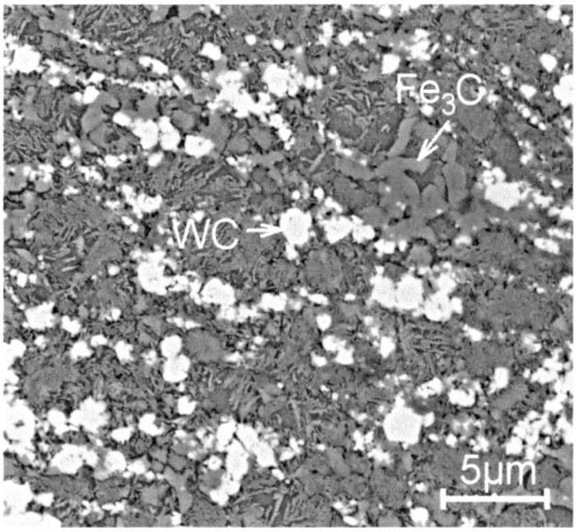

Abbildung 5-10 REM- Aufnahme 100Cr6 + WC FAST, weichgeglüht, BSE- Mode

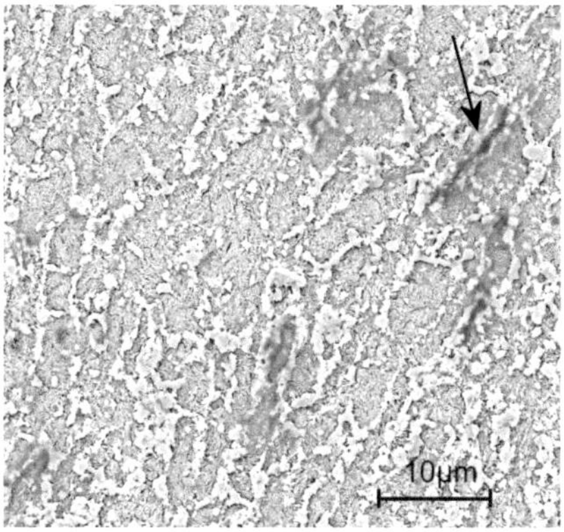

Abbildung 5-11 REM- Aufnahme 100Cr6 + WC FAST, bainitisiert

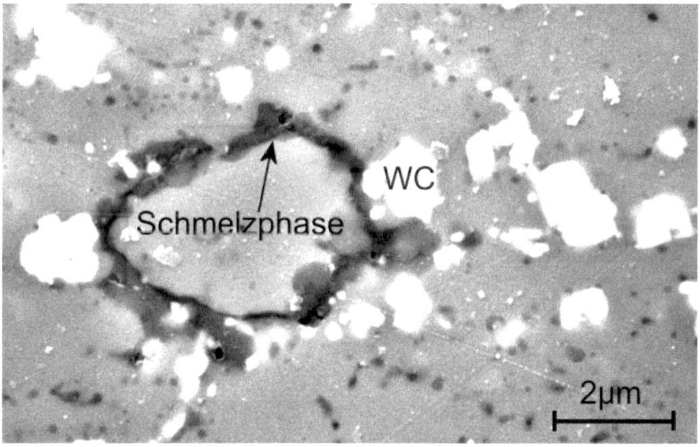

Abbildung 5-12 100Cr6 + WC Gefüge mit Schmelzphasenbildung um ein ehemaliges 100Cr6- Pulverpartikel, BSE- Mode

5.2.3 100Cr6 + ZrO_2

Die Partikelgrößenverteilung (Abbildung 5-13) für die Zusammensetzung 100Cr6 + ZrO_2 zeigt eine leichte Vergröberung der Partikel durch das Mahlen. Die ZrO_2- Partikel sind als Feinanteil im Bereich von 1 µm deutlich zu erkennen.

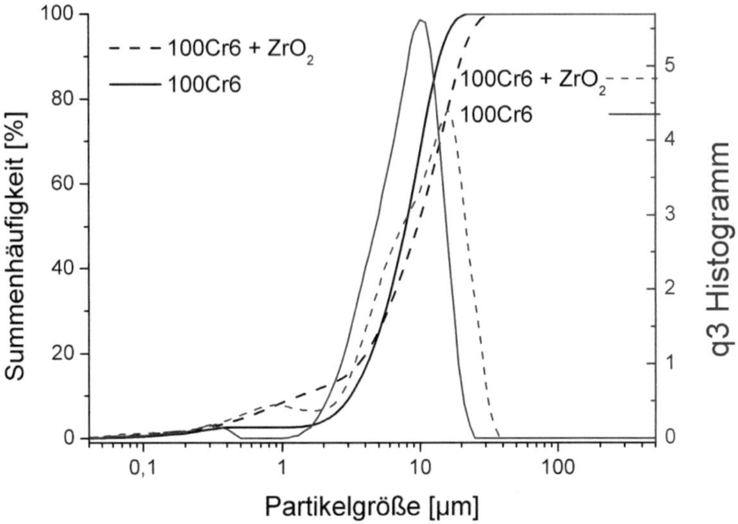

Abbildung 5-13 Partikelgröße des gemahlenen 100Cr6 + ZrO_2 Pulvers

Die im Vergleich zum reinen 100Cr6 (Abbildung 5-7) feinere Kornstruktur ist in Abbildung 5-14 zu erkennen. Fe_3C bildet zusammen mit dem ZrO_2 eine netzartige Struktur an den Korngrenzen. Da beide beim Ätzen nicht angegriffen werden, sind sie auf den Abbildungen nicht zu unterscheiden. Im Vergleich zu TiC und WC als Hartstoff sind beim ZrO_2 keine einzelnen Partikel zu erkennen. Dies deutet darauf hin, dass die an den Korngrenzen aneinander liegenden ZrO_2- Partikel bei den gewählten Sinterparametern zusammensintern und dadurch größere ZrO_2- Partikel entstehen. Dadurch lässt sich auch die sehr hohe Dichte der ZrO_2- Varianten erklären, die auf gleichem Niveau liegt wie der reine 100Cr6.

Im bainitischen Zustand (Abbildung 5-15) nimmt der Anteil der Korngrenzphase ab, was wie bei den anderen Varianten auf ein Abnehmen des Zementits an den Korngrenzen zurückzuführen ist. Durch diese fehlende Abgrenzung und weil die einzelnen Korngrenzen nicht mehr erkennbar sind, wirkt diese Struktur gröber als die weichgeglühte Variante.

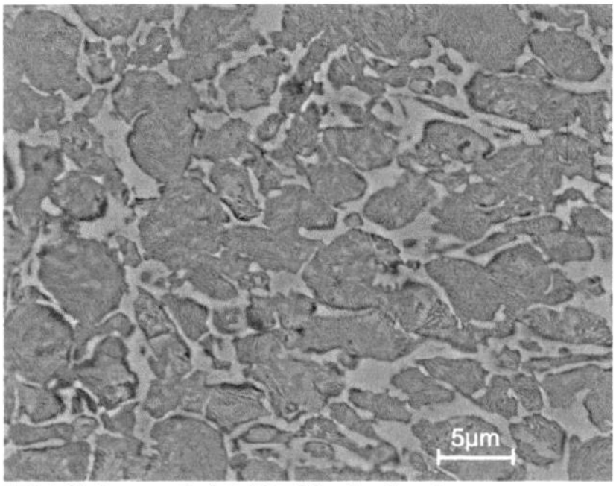

Abbildung 5-14 REM- Aufnahme 100Cr6 + ZrO_2, weichgeglüht, BSE-Mode

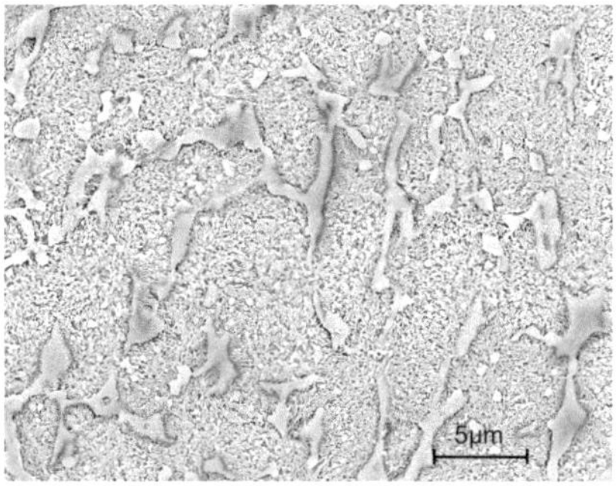

Abbildung 5-15 REM- Aufnahme 100Cr6 + ZrO_2, bainitisiert

5.3 Druckloses Sintern und Nachverdichtung durch heißisostatisches Pressen (HIP)

Die Abbildung 5-16 zeigt eine Gegenüberstellung der erreichten Dichten von Proben, die im FAST Prozess, zusätzlich heißisostatisch nachverdichtet oder nur drucklos gesintert wurden. Alle Sintervarianten wurden mit denselben Ausgangspulvern durchgeführt. Bei 100Cr6 zeigt der FAST- Prozess erwartungsgemäß eine deutlich bessere Verdichtung als das drucklose Sintern. Durch eine höhere Sintertemperatur (1250 °C) kommen Dispersionswerkstoffe mit TiC und ZrO_2 beim drucklosen Sintern auf ähnliche Dichten, WC-Varianten weisen sogar eine bessere Dichte auf. Für die Variante mit WC wurde die Sintertemperatur bei der drucklosen Sinterung von 1250 °C auf 1200 °C abgesenkt, da es hier zu sehr starken Schmelzreaktionen kam. Die Nachverdichtung in der Heißisostatpresse bewirkt keine Erhöhung der Dichte.

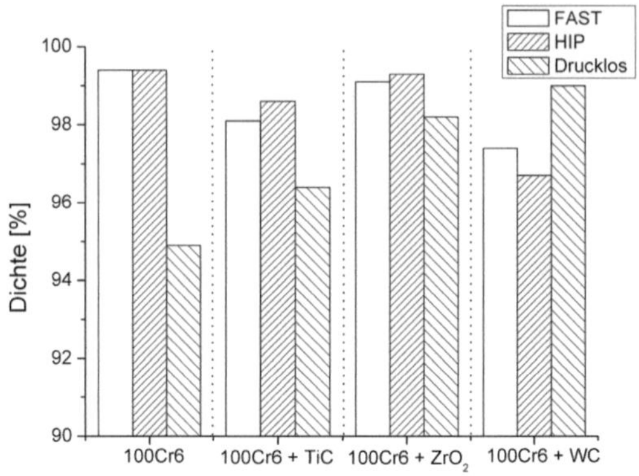

Abbildung 5-16 Vergleich der Dichte von 100Cr6 und Kompositmaterialien nach FAST und drucklosem Sintern

Die Mikrostrukturen der drei Sintervarianten unterscheiden sich deutlich voneinander. Die drucklos gesinterte Variante zeigt sowohl ohne als auch mit Hartstoff eine sehr grobe Kornstruktur und große sphärische Poren, die Bainitnadeln sind ebenfalls sichtbar (Abbildung 5-17). Die Probe mit TiC zeigt vor allem im Bereich um die TiC- Körner eine Phase wie sie auch bei den nachträglich heißisostatisch verdichteten Proben auftritt. Diese Phase zeigt teilweise dendritische Strukturen.

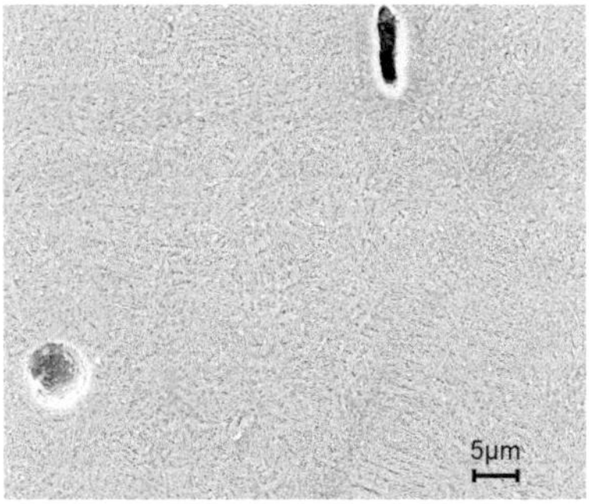

Abbildung 5-17 REM- Aufnahme von drucklos gesintertem 100Cr6, bainitisiert

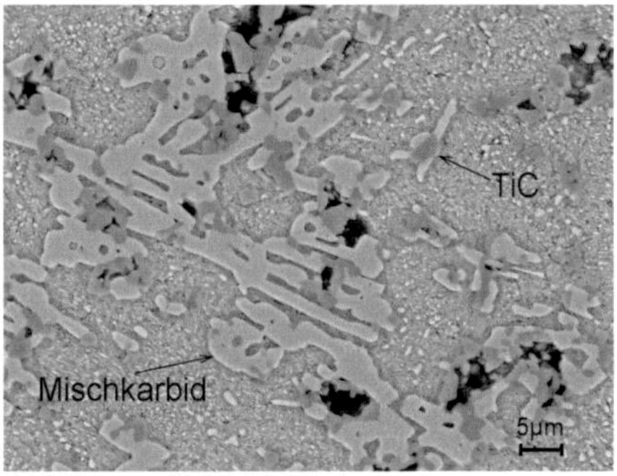

Abbildung 5-18 REM- Aufnahme von drucklos gesintertem 100Cr6 + 15 Vol. % TiC, bainitisiert

Dieselben Gefügebestandteile zeigen sich ebenfalls bei nachträglich heißisostatisch behandelten Proben mit TiC (Abbildung 5-19). Um die auftretenden Gefügebestandteile genauer zu untersuchen, wurde eine energiedispersive

Röntgenspektroskopie (EDX) durchgeführt. In der Abbildung 5-19 können drei Gefügebestandteile unterschieden werden. Zum einen ist die bainitisierte 100Cr6- Matrix (1) zu erkennen, die sich durch die leichte Anätzung deutlich abhebt. Die EDX- Untersuchung zeigt, dass außer den zu erwartenden Elementen Fe, Cr und C nur ein sehr geringer Anteil Ti detektierbar ist. Die Phase mit dem dunkelsten Grauwert (2) ist auch auf Abbildung 5-8 und Abbildung 5-18 zu erkennen, wobei es sich hier, wie auch das EDX zeigt, um das TiC handelt. Eine neu entstandene Phase (3) mit etwas hellerem Grauwert zeigt hohe Anteile von Fe, Cr und C, was auf einen hohen Chromkarbidanteil hindeutet. Wahrscheinlich handelt es sich dabei um Karbide des Typs $(Cr, Fe)_7C_3$ oder $(Cr, Fe)_{23}C_6$. In allen Spektren ist Gold zu erkennen, da die Proben mit Gold besputtert wurden, um Aufladungen zu vermeiden. Auch die reine 100Cr6 Probe zeigt nach der HIP- Behandlung einen leicht erhöhten Karbidanteil, was vor allem im bainitisierten Zustand zu erkennen ist (Abbildung 5-20). Diese Karbide erscheinen vorwiegend an den Korngrenzen. Die Proben mit WC zeigen, ähnlich wie TiC, eine Mischkarbidphase (Abbildung 5-21). Allerdings sind bei den heißisostatisch nachbehandelten Proben keine dendritischen Strukturen zu erkennen, wie sie bei den drucklos gesinterten Proben auftreten. Eine Kornstruktur der 100Cr6 Matrix ist nicht mehr erkennbar.

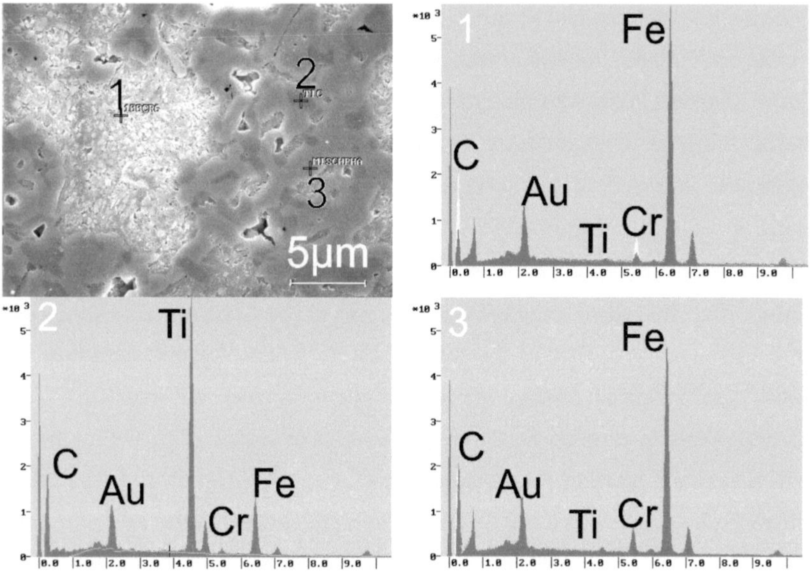

Abbildung 5-19 EDX Untersuchung an einer 100Cr6 + TiC Probe (FAST + HiP, bainitisiert) an drei unterschiedlichen Gefügebestandteilen

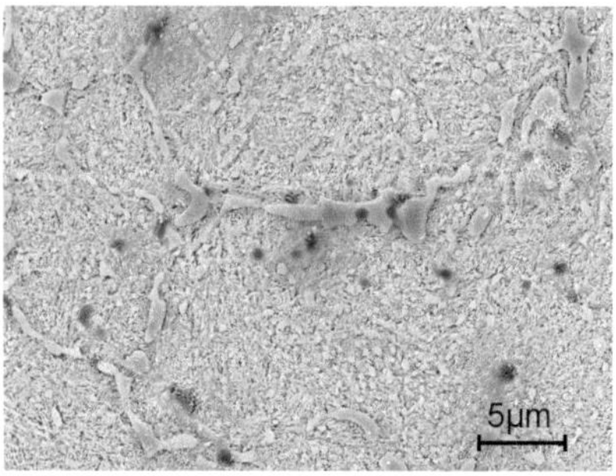

Abbildung 5-20 REM- Aufnahme von 100Cr6, FAST + HIP, bainitisiert

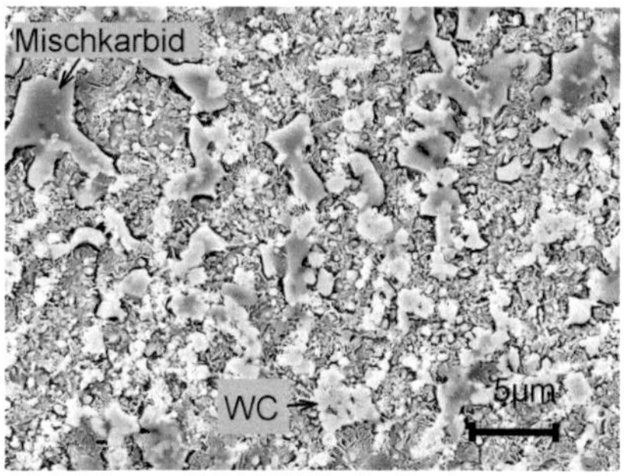

Abbildung 5-21 REM- Aufnahme von 100Cr6 + 15 Vol. % WC, FAST + HIP, bainitisiert

XRD- Untersuchungen zeigen sowohl bei TiC- als auch bei WC- haltigen Proben einen leichten Anstieg des Karbidanteils (Abbildung 5-22), vor allem nach der HIP- Behandlung. Eine neu entstandene Mischkarbidphase ist dabei allerdings nicht zu erkennen. Die beiden gehärteten Varianten (FAST, FAST + HIP) weisen leichte Oxidspuren auf, die von einer unvollständig entfernten Randschicht nach der Härtung herrühren.

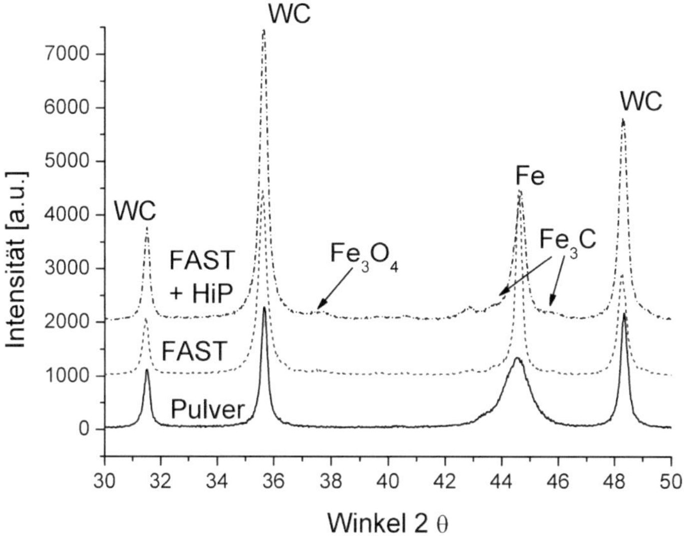

Abbildung 5-22 Röntgendiffraktogramme nach unterschiedlichen Prozessschritten; 100Cr6 + 15 Vol. % WC

5.4 Härte

Für die Untersuchung der Härte wurden die Proben in unterschiedlichen Wärmebehandlungszuständen mittels Vickers- Härteprüfung charakterisiert.

Zum einen wurden die Proben direkt nach dem FAST- Prozess untersucht, das heißt im weichen Zustand, zum anderen wurden Proben aller Varianten bainitisiert (s. Kap. 3.5). Außerdem wurde jeweils eine Probe nach dem FAST- Prozess noch in der Heißisostatpresse nachverdichtet, um eine möglicherweise noch bessere Verdichtung zu erreichen.

Nach dem FAST- Prozess weisen alle Varianten nahezu die gleiche Härte von ca. 550 HV2 auf. Durch das Bainitisieren lässt sich die Härte von 100Cr6 auf 720 HV2 steigern (Abbildung 5-23); dieser Wert wurde auch als Matrixhärte zur Abschätzung der anderen Varianten mit Hilfe der Mischungsregel verwendet. Durch die HIP Behandlung steigt die Härte noch etwas an, da hier der Kohlenstoffgehalt im 100Cr6 leicht erhöht wird.

Die Zugabe von TiC erhöht die Härte auf bis zu 856 HV2, was einer Steigerung von 19 % im Vergleich zum 100Cr6 entspricht. Heißisostatpressen bewirkt hier keine weitere Härtesteigerung.

Mit WC als Hartstoff ist die erreichte Härte mit 841 HV2 (+ 17 %) etwas geringer als mit TiC. Die Mikrostrukturuntersuchungen zeigen, dass es sowohl bei TiC (Abbildung 5-19) als auch bei WC (Abbildung 5-21) durch die HIP Behandlung zu einer Reaktion mit der Matrix kommt. Während diese Reaktion bei der TiC- haltigen Variante keine Auswirkungen hat, sinkt die Härte bei WC-Varianten stark ab.

Die Härtesteigerung durch die Zugabe von ZrO_2 ist deutlich geringer als bei den beiden anderen Hartstoffen, allerdings ist auch die Härte von ZrO_2 selbst nicht so hoch wie die von TiC oder WC. Die gemessene Härte liegt bei 747 HV2, was einer Steigerung von 3,75 % entspricht (Abbildung 5-23).

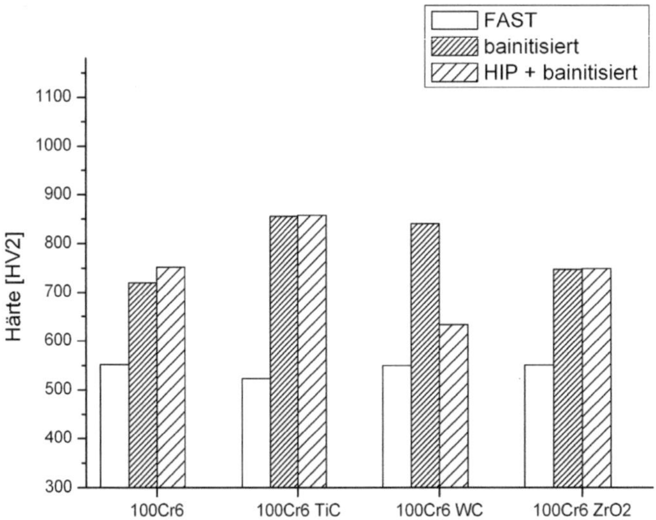

Abbildung 5-23 Härte von 100Cr6 und Verbundwerkstoffen auf 100Cr6 Basis nach unterschiedlichen Wärmebehandlungen.

5.5 *Verschleiß*

Die Verschleißprüfung stellt für die Werkstoffe ein sehr wichtiges Mittel zur Charakterisierung dar, da die Partikelverstärkung vor allem für verschleißbeanspruchte Teile Vorteile verspricht. Abbildung 5-24 zeigt den Verlauf der Reibungszahl über den gesamten Weg. Es ist zu erkennen, dass alle hartstoffhaltigen Varianten ein deutlich besseres Einlaufverhalten zeigen als 100Cr6 ohne Zusatz. Auf den Reibwert im eingelaufenen Zustand hat der Hartstoff keinen Einfluss, dieser liegt allerdings mit Reibwerten unterhalb von 0,15 für alle Varianten sehr niedrig.

Die Entwicklung der Reibungszahl zeigt im Verlauf der Messung nur eine sehr geringe Änderung. Die hartstoffhaltigen Varianten zeigen allerdings einen deutlichen Unterschied im Anlaufverhalten. Während der reine 100Cr6 im Anlauf eine deutliche Überhöhung der Reibungszahl zeigt, ist dies bei Proben mit Hartstoffen nicht zu beobachten (Abbildung 5-24).

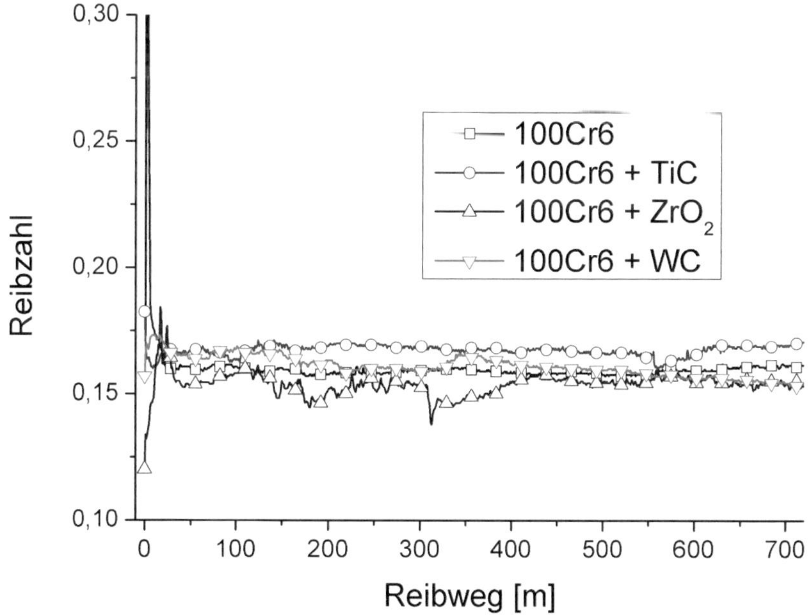

Abbildung 5-24 Reibungszahl der 100Cr6 Dispersionswerkstoffe im Kugel- auf-Scheibe- Test über 720 m; Reibkörper war eine 100Cr6 Kugel

Bei der Messung der Verschleißtiefe ergibt sich ebenfalls ein deutlicher Unterschied zwischen dem 100Cr6 und den hartstoffhaltigen Varianten. Wie in Abbildung 5-25 zu sehen, zeigt die Spur auf der 100Cr6- Probe eine Tiefe von ca. 2 µm. Die hartstoffhaltigen Varianten zeigen mit deutlich unter 0,5 µm kaum messbaren Verschleiß.

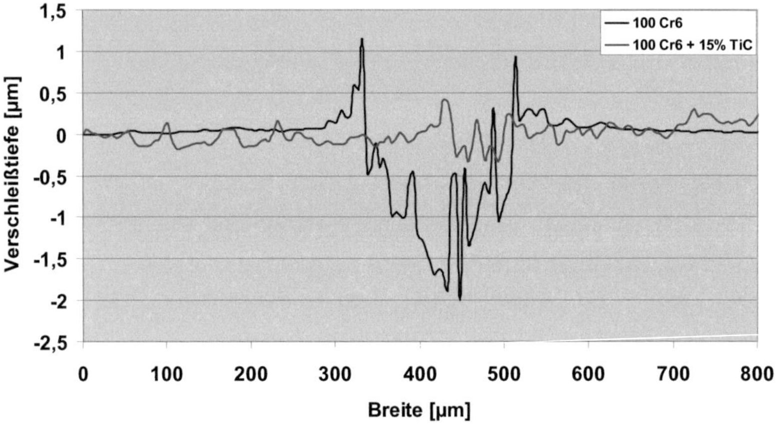

Abbildung 5-25 Verschleißtiefe durch Kugel- auf- Scheibe- Test an bainitisierten Proben

Abbildung 5-26 zeigt die Reibspuren der unterschiedlichen Varianten. Dargestellt ist jeweils der obere Rand der Reibspur, so dass im oberen Bereich des Bildes die unbeeinflusste Oberfläche zu sehen ist und der untere Teil den Einfluss der Reibbeanspruchung zeigt. Die Verschleißspur des reinen 100Cr6 zeigt am Rand eine deutliche Wulstbildung, was auf Verschmieren bzw. plastische Verformung des Werkstoffs zurückzuführen ist. Die Variante mit TiC zeigt immer noch ein Verschmieren der Matrix (Abbildung 5-26b), allerdings bleiben die TiC- Partikel unverändert stehen. Die Bilder der WC- und ZrO_2- haltigen Proben (Abbildung 5-26c und Abbildung 5-26d) zeigen sehr geringe Reibspuren. Allerdings sind bei beiden Varianten Ausbrüche einzelner Hartstoffteilchen zu erkennen.

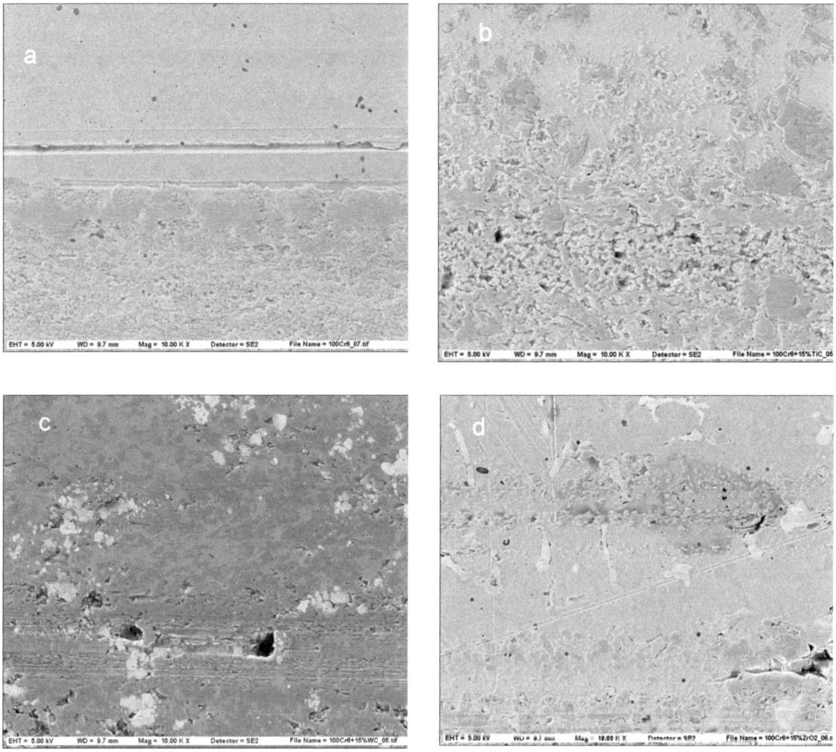

Abbildung 5-26 Reibspuren der Varianten a) 100Cr6; b) 100Cr6 + TiC; c) 100Cr6 + WC; d) 100Cr6 + ZrO_2

6 Diskussion – 100Cr6

Im Folgenden werden die Ergebnisse aus den Untersuchungen an 100Cr6 Dispersionswerkstoffen diskutiert. Für die Charakterisierung der neuen Werkstoffe wurden das Verdichtungsverhalten, die Mikrostruktur und mechanische Eigenschaften wie Härte und Verschleißverhalten untersucht.

6.1 Konsolidierung und Mikrostruktur der 100Cr6 Varianten

100Cr6 Stahlpulver ließ sich im FAST- Prozess schon bei 1120 °C und 5 min Haltezeit auf über 99 % th. Dichte bringen. Die Kaltverformung während der Mahlung und die Veränderung der Partikelform (Abbildung 5-1) führen zu einer schlechteren Verpressbarkeit der hartstoffhaltigen Pulver (Abbildung 5-2). Dies und die Behinderung des plastischen Fließens während der Verdichtung durch die Hartstoffpartikel führen wiederum zu einer geringeren Dichte der Varianten mit Hartstoffpartikeln. Im FAST- Prozess selbst (Abbildung 5-2) zeigen sich schon zu Beginn Unterschiede bei der Verdichtung der unterschiedlichen Varianten. Unterhalb von 800 °C tritt bei TiC- und WC- haltigen Varianten eine Volumenabnahme auf, die auf die Rekristallisation und damit auf plastisches Fließen der zuvor durch das Mahlen stark kaltverfestigten Pulver zurück zu führen ist. Dies tritt bei ZrO_2- Varianten weniger stark auf, da hier die Verpressbarkeit schon bei Raumtemperatur deutlich besser ist.

Um die Dichte zu verbessern und eventuell vorhandene Gefügefehler ausheilen zu lassen, wurde bei einem Teil der Proben noch eine Behandlung in der Heißisostatpresse angeschlossen. Durch die kohlenstoffhaltige Atmosphäre in der Heißisostatpresse kommt es während dieses Schrittes zu einer leichten Aufkohlung der Proben, was in der Erhöhung des Zementitgehalts sichtbar wird (Abbildung 5-22). Der erhöhte Kohlenstoffgehalt führt in Kombination mit WC zu einer Absenkung der Schmelztemperatur (Abbildung 6-1). Dies kann beim drucklosen Sintern zur Bildung einer Flüssigphase führen, da hier mit 1250 °C die höchsten Temperaturen verwendet wurden (Abbildung 5-16). Es ist zu erwarten, dass sich die Flüssigphase positiv auf die Verdichtung auswirkt, was die bei dieser Kombination sehr gute Verdichtung trotz drucklosen

Sinterns erklärt. Für alle anderen Kombinationen und Sintervarianten ist keine Flüssigphase zu erwarten.

Die Untersuchungen der Korngröße zeigen, dass während des FAST-Prozesses nur ein sehr geringes Kornwachstum auftritt. Auch die Bainitisierung zeigt keine auffällige Veränderung der Korngröße. Dabei ändern sich die Struktur und Größe der Fe_3C- Phase, da beim raschen Abkühlen während der Bainitisierung der im Austenit gelöste Kohlenstoff zwangsgelöst bleibt oder sich im Korn ausscheidet und somit weniger und kleinere Fe_3C Körner zurückbleiben. Die Hartstoffpartikel führen zu einer geringeren Mobilität der Korngrenzen [64] und damit zu kleineren Korngrößen bei den Varianten mit ZrO_2 und TiC (Abbildung 5-3).

Der Vergleich der Mikrostruktur zeigt einen Unterschied zwischen den zeiligen Gefügen der Varianten mit WC und ZrO_2 und den homogen verteilten Partikeln bei TiC- Varianten. Es ist zu erwarten, dass solche Gefüge eine Versprödung begünstigen.

Mikrostrukturell auffällig ist vor allem die Bildung einer Karbidphase durch die heißisostatische Nachbehandlung oder beim drucklosen Sintern. Da diese Phase bevorzugt um Harststoffpartikel verteilt vorliegt, ist davon auszugehen, dass sie durch eine Reaktion der Fe- Matrix mit den TiC- Partikeln entsteht. Diese Reaktion wird durch die kurzen Prozesszeiten und niedrigen Prozesstemperaturen der FAST-Anlage unterbunden. Die EDX- Untersuchungen zeigen hohe Gehalte an Fe, Cr und C, so dass es wahrscheinlich ist, dass es sich um Karbide des Typs $(Cr, Fe)_7C_3$ oder $(Cr, Fe)_{23}C_7$ handelt. Der zusätzliche Kohlenstoff kommt dabei aus der Reaktion mit den TiC- Partikeln. Das Phasendiagramm (Abbildung 6-3) zeigt in diesem Temperaturbereich eine leichte Löslichkeit von TiC im Fe. Um die Diffusion aus der Atmosphäre und der Graphitfolie in die Probe abzuschätzen, kann zur Vereinfachung nur die Haltezeit herangezogen werden, da es durch die schnelle Aufheizung nur zu sehr kurzen Verweilzeiten bei niedrigen Temperaturen kommt. Mit Hilfe der Arrhenius-Gleichung lässt sich so der Diffusionskoeffizient von C in kfz- Fe berechnen.

$$D = D_0 * \exp\left[-{H_{LD}}/{kT}\right]$$ Gleichung 6.1

Wobei D_0 die Diffusionskonstante, H_{LD} die Aktivierungsenthalpie, k die Boltzmannkonstante und T die Temperatur ist [65]. Die eingesetzten Werte sind D_0 = 0,738 cm^2/s und H_{LD} = 1,59 eV für C in γ- Eisen [66]. Damit lässt sich durch Vereinfachung (nach [65]) des 2. Fickschen Gesetzes die Diffusionslänge x nach der Zeit t abschätzen durch:

$$x = (2Dt)^{1/2}$$ Gleichung 6.2

Für einen Sinterzyklus mit einer Haltetemperatur von 1120 °C für 5 min kommt man somit auf eine Diffusionstiefe des Kohlenstoffs von 55 µm. Diese aufgekohlte Schicht wurde aber bei der Probenpräparation entfernt, so dass beim FAST- Prozess ein Einfluss durch den Kohlenstoff nicht gegeben ist.

Ähnliche Beobachtungen lassen sich bei WC- haltigen Proben machen, allerdings ist die Löslichkeit von Wolfram im Fe höher als bei Titan (Abbildung 6-2). Beide ternären Phasendiagramme zeigen auch einen stabilen Bereich aus Fe-WC bzw. Fe- TiC (Abbildung 6-2, Abbildung 6-3), wodurch zu erklären ist, dass auch bei langen Haltezeiten die vollständige Auflösung der Partikel nicht auftritt. Die Reaktion der Hartstoffpartikel mit der Fe Matrix führt zu einer starken Beeinflussung der chemischen Zusammensetzung der Matrix, so dass die Wärmebehandlung und die Eigenschaften ebenfalls beeinflusst werden (Kapitel 6.2). Da dies durch die Anwendung des FAST- Prozesses verhindert wird, eröffnen sich dadurch Materialkombinationen, die aufgrund der höheren Prozesstemperaturen durch konventionelle Sinterverfahren nicht herzustellen sind.

Die dargestellten dunklen Stellen im 100Cr6- WC Gefüge (Abbildung 5-12) deuten auch beim FAST- Prozess auf eine teilweise Flüssigphasenbildung hin. Der isotherme Schnitt (Abbildung 6-1) zeigt, dass die Schmelzphasenbildung im Bereich des eutektischen Punkts von Fe- C (4,3 % C) durch die Zugabe von Wolfram weiter begünstigt wird. Dadurch könnte während des FAST-Prozesses eine stark lokal begrenzte Schmelzphasenbildung entstehen. Auch hier lässt sich das lokale Auftreten dieser Flüssigphase durch die Temperaturüberhöhung aufgrund des direkten Stromdurchgangs erklären [55]. Insbesondere Korngrenzen oder Partikeloberflächen mit Oxidschichten können Ursache eines erhöhten Widerstandes sein. Allerdings sind die beeinflussten Bereiche so klein, dass davon ausgegangen werden kann, dass die mechanischen Eigenschaften davon nicht verschlechtert werden.

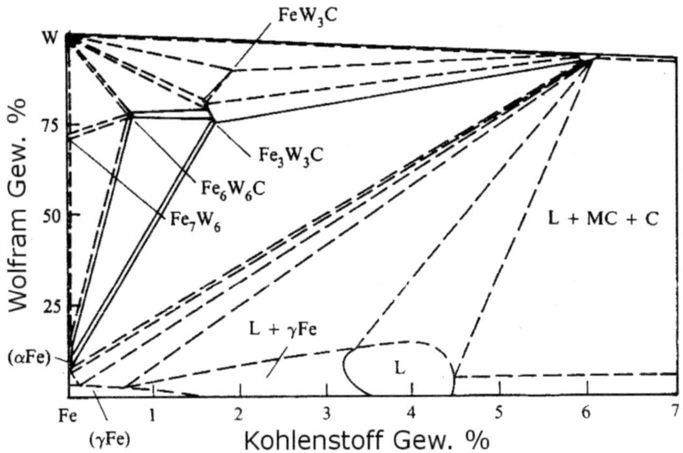

Abbildung 6-1 Isothermer Schnitt des Systems Fe- W- C bei 1250 °C

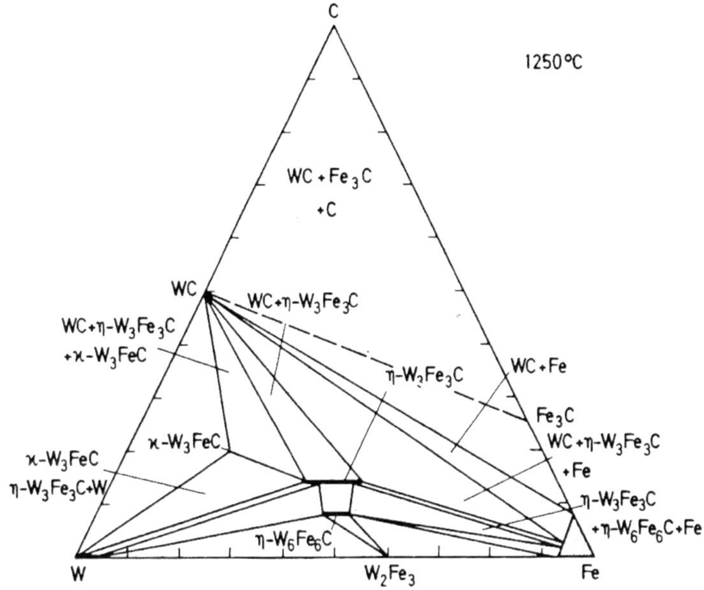

Abbildung 6-2 Phasendiagramm bei 1250 °C Fe- W- C

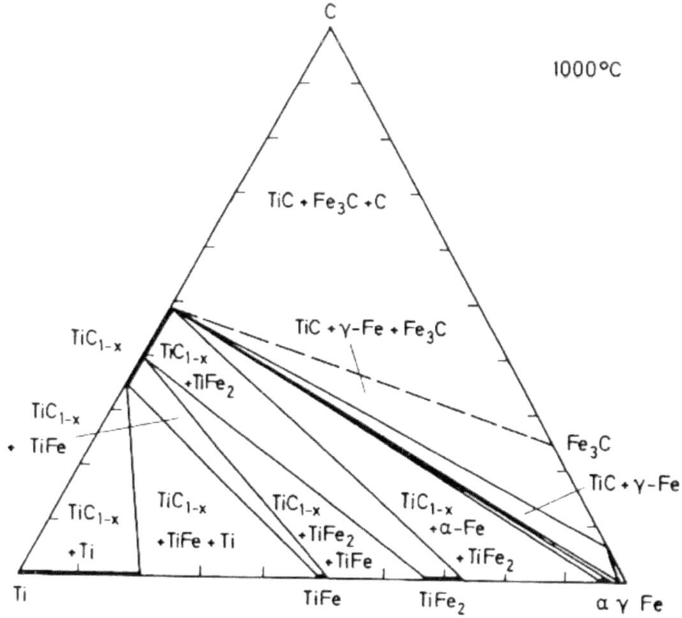

Abbildung 6-3 Phasendiagramm Fe- Ti- C, bei 1000 °C

6.2 Härte und Verschleiß

Auch die Härte der jeweiligen Varianten lässt sich mit Hilfe einer einfachen Mischungsregel wie folgt abschätzen.

$$H_C = c_M H_M + c_{HS} H_{HS} \qquad \text{Gleichung 6.3}$$

Dabei bezeichnet H jeweils die Vickershärte und c den Volumenanteil der Komponenten Matrix (M) und Hartstoff (HS) [67]. Es zeigt sich, dass die tatsächliche Härte in allen Fällen unter der abgeschätzten liegt. Die Berechnung gibt zwar den Trend der Versuche wieder, dass der 100Cr6- TiC- Komposit die höchste und 100Cr6- ZrO_2 die niedrigste Härte erreicht, allerdings zeigt die große Diskrepanz zwischen den berechneten Werten des TiCs und den tatsächlich gemessenen Werten, dass diese einfache Abschätzung das System nicht ausreichend beschreibt.

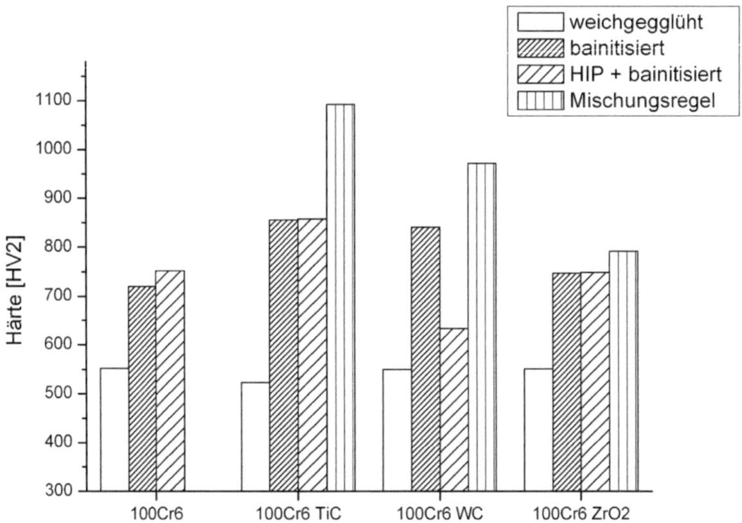

Abbildung 6-4 Härte nach unterschiedlicher Wärmebehandlung im Vergleich zur theoretischen Abschätzung

Wie bereits erwähnt, beeinflusst die Reaktion der Hartstoffpartikel mit der Fe-Matrix die Legierungszusammensetzung des Stahls. Wolfram stabilisiert den raumzentrierten Ferrit, während Kohlenstoff ein starker Austenitbildner ist, so dass eine genaue Abschätzung der Einflüsse der Schmelzphasenbildung schwierig ist. Zudem ist der jeweils in der Matrix gelöste Anteil nicht feststellbar. Es ist davon auszugehen, dass sich die Wärmebehandlungsreaktion und somit auch die geeignete Bainitisierungstemperatur ändert. Da die Wärmebehandlung der Proben aber nicht verändert wurde, war somit die Bainitbildung nicht mehr gewährleistet. Dadurch ist die niedrige Härte, wie sie in Abbildung 5-23 nach der HIP- Behandlung zu erkennen ist, zu erklären. Die Erhöhung des Kohlenstoffgehalts in der Matrix über die gesamte Probe wird dabei durch die Reaktion mit WC begünstigt. Auch der Anstieg des Karbidgehalts, der in den Röntgendiffraktogrammen (Abbildung 5-22) sichtbar ist, weist auf eine Reaktion des WC mit der Fe- Matrix hin.

Der reine 100Cr6 und die beiden Varianten mit ZrO_2 und TiC zeigen kein Absinken der Härte. Bei reinem 100Cr6 steigt die Härte durch den zusätzlichen Kohlenstoff und den damit erhöhten Anteil an Karbiden sogar noch etwas an, während sich bei ZrO_2- und TiC- haltigen Varianten kein Einfluss der HIP Behandlung zeigt. Die Mikrostruktur der heißisostatisch nachbehandelten Proben legt allerdings auch bei TiC eine Reaktion des Hartstoffs mit der Matrix nahe. Der Grund für die trotzdem noch gute Härte dieser Proben kann in der unterschiedlichen Löslichkeit von Ti im Fe liegen oder sie kann auf den unterschiedlichen Legierungseinfluss des Ti zurückgeführt werden.

Die **Verschleißprüfungen** zeigen sehr gute Ergebnisse für alle Varianten mit Hartstoffen. Zum einen ist im Vergleich zum reinen 100Cr6 kein Einlaufen zu erkennen (Abbildung 5-24) und zum anderen lässt sich der Verschleiß durch die Zugabe der Partikel deutlich verbessern. Dies ist insbesondere daher erwähnenswert, da bereits 100Cr6 allein als Werkzeug- und Lagerstahl ein sehr gutes Verschleißverhalten besitzt. Die Reibungszahl bleibt dabei unverändert niedrig. Die Abbildung (Abbildung 5-26) der Verschleißspuren zeigt, vor allem bei TiC, dass sich eine Reliefstruktur bildet, bei der sich die Partikel leicht von der Matrix abheben. Bei WC und ZrO_2 ist dies aufgrund der deutlich feineren Hartstoffpartikel nicht zu erkennen. Die Verbesserung im Verschleißverhalten wird damit nicht nur durch die Steigerung der Härte der Matrix hervorgerufen, sondern vor allem durch die Übertragung der Traglast auf die Hartstoffpartikel. Für eine genauere Differenzierung der Varianten wäre ein Testzyklus mit noch höherer Belastung notwendig.

7 Metallverbundwerkstoffe auf Basis von 18Ni350

Im folgenden Abschnitt werden Dispersionsmaterialien auf Basis des höchstfesten Stahls 18Ni350 behandelt. Zuerst wird die pulvermetallurgische Herstellung dieses Stahls mittels FAST dargestellt. Anschließend wird gezeigt welchen Einfluss die Zugabe von Keramikpartikeln in den Stufen 5, 10 und 15 Vol. % auf Festigkeit, Duktilität, Bruchzähigkeit und Verschleiß hat. Als Verstärkungsmaterialien wurden hier die Hartstoffe TiB_2, ZrO_2 und Al_2O_3 untersucht.

7.1 Kompatibilität

Während des FAST- Prozesses ist ein direkter Kontakt des Stahls mit Kohlenstoff nicht zu vermeiden. Im Randbereich entstand dadurch eine ca. 80 µm dicke Einflusszone (Abbildung 7-1), die in allen weiteren Experimenten abgeschliffen wurde. Auf der linken Seite der Abbildung ist die Sinterhaut zu sehen. Direkt unter der Sinterhaut zeigt sich ein schmales Band, in dem Perlit entsteht und damit ein deutlicher Kohlenstoffeinfluss besteht. Im Vergleich zum 100Cr6 wurde die Sintertemperatur auf 1150 °C leicht angehoben.

Da der Stahl sehr sensibel auf Verunreinigungen mit Kohlenstoff reagiert, schieden Karbide als Hartstoffe aus, da hier ein Restgehalt an freiem Kohlenstoff nicht vermieden werden kann.

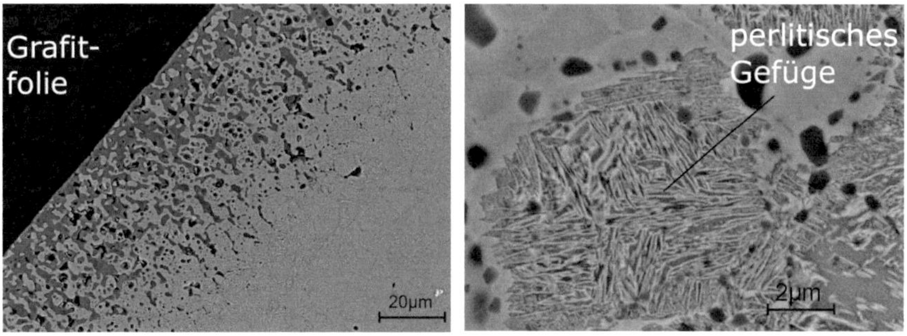

Abbildung 7-1 Randschicht 18Ni350 nach FAST, Kohlenstoffeinfluss führt zu perlitischem Gefüge

Bei der Kombination von 18Ni350 mit TiB_2 war mikroskopisch eine deutliche Schmelzphasenbildung zu erkennen. Auch das Diffraktogramm zeigte hier die entstandene Phase Fe_2B. Da dies schon bei niedrigen Temperaturen auftrat, wurden keine weiteren Untersuchungen zur Verdichtung gemacht.

Die vielversprechendsten Hartstoffe waren somit die beiden Oxidkeramiken ZrO_2 und Al_2O_3. Obwohl die Kompatibilitätstests von reinem Eisen und Al_2O_3 eine Reaktion gezeigt hatten, wurden diese mit 18Ni350 noch einmal wiederholt, weil dieser hochlegierte Stahl eine deutlich bessere Oxidationsbeständigkeit aufweist. Es zeigt sich, dass die Stabilität von Al_2O_3 in Kombination mit 18Ni350 deutlich besser ist. Zwar sind die Peaks nur schwach ausgeprägt, lassen sich aber noch deutlich dem Al_2O_3 zuordnen, während $FeAl_2O_4$ nicht nachweisbar ist. Es zeigt sich zudem kein erkennbarer Unterschied zwischen dem gemahlenen Pulver und dem gesinterten und geglühten Material. Daher ist davon auszugehen, dass keine Reaktion während des Sinterns stattfindet. Bei einem Volumengehalt von 15 % Al_2O_3 ergibt sich eine Dichte von 98 % th. Dichte. Damit wird der Wert von reinem 18Ni350 (98,4 % th. Dichte) fast erreicht. Die Diffraktogramme in Abbildung 7-2 zeigen, dass nach der Konsolidierung über den FAST- Prozess ein deutlicher Anteil an Restaustenit vorhanden ist, der sich durch Lösungsglühen bei 900 °C wieder entfernen lässt.

Die Kombination ZrO_2 mit 18Ni350 weist ebenfalls eine sehr gute Stabilität auf. Auf Diffraktogrammen sind die Peaks für monoklines ZrO_2 deutlich zu erkennen, ohne dass Reflexe zusätzlich entstandener Phasen auftreten. Durch die Zugabe von ZrO_2 verbessert sich die Verdichtung im Vergleich zum reinen 18Ni350, so dass nahezu vollständige Dichte erreicht werden kann (99,6 %. th. Dichte).

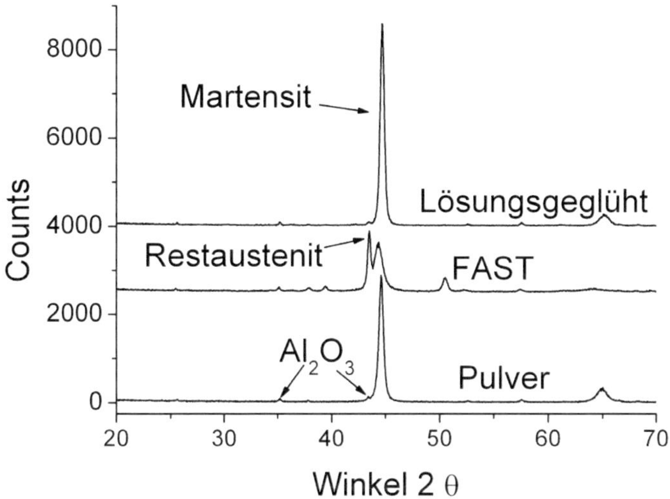

Abbildung 7-2 Vergleich der Diffraktogramme: Pulver nach Mahlen bzw. nach FAST + Lösungsglühen

Die Partikelgrößenverteilungen der beiden Pulvervarianten nach dem Mahlen zeigen ähnliche Ergebnisse. Allerdings ist bei der Variante mit Al_2O_3 ein deutlicher Feinanteil unterhalb von 1 µm zu erkennen und im Bereich der nominellen Partikelgröße der Al_2O_3 Partikel (3 µm) ist ebenfalls eine deutliche Erhebung in der Verteilungskurve sichtbar (Abbildung 7-3). Die ZrO_2- Partikel sind in der Verteilung kaum zu erkennen, nur eine Vergröberung des Pulvers im Vergleich zum Ausgangsmaterial von einem mittleren Partikeldurchmesser von 8,4 µm auf ca. 20 µm für beide Varianten ist erkennbar.

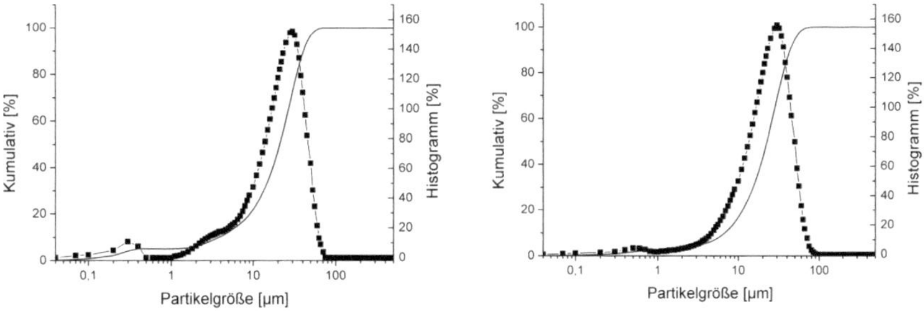

Abbildung 7-3 Partikelgrößenverteilung der beiden Varianten mit 15 Vol. % Al_2O_3 (links) und ZrO_2 (rechts)

Die Verdichtung des Maraging Stahls in der FAST- Anlage erbrachte sehr gute Ergebnisse. Es ist zu erkennen, dass im Vergleich zu drucklosem Sintern die zur Verdichtung notwendige Temperatur deutlich niedriger liegt (Abbildung 7-4). Zudem kann eine vollständige Verdichtung auch bei kürzeren Prozesszeiten erreicht werden. Dadurch kann ein Kornwachstum vermieden oder zumindest stark eingeschränkt werden. Die Zugabe von Hartstoffpartikeln verschlechterte die Verdichtung nur geringfügig.

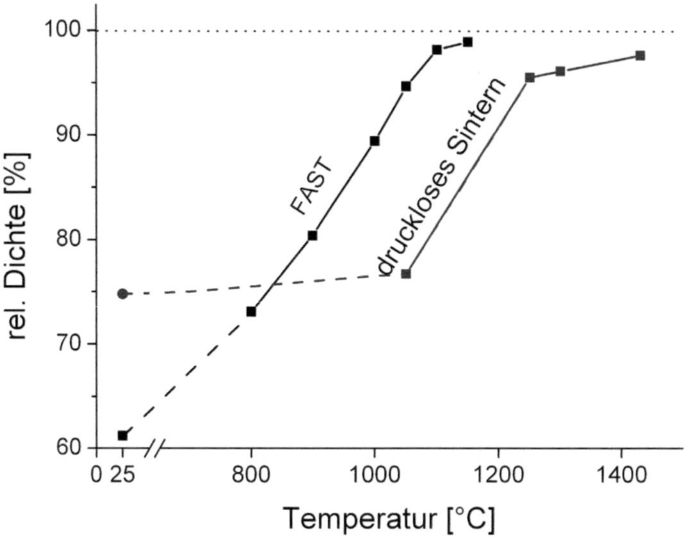

Abbildung 7-4 Dichteentwicklung im FAST- Prozess im Vergleich zum drucklosen Sintern

Die Abbildungen zeigen eine Gegenüberstellung der Gefüge von Proben, die über FAST und druckloses Sintern hergestellt wurden (Abbildung 7-5, Abbildung 7-6). Um eine rel. Dichte von 95 % zu erreichen, sind beim FAST- Prozess um 200 K niedrigere Temperaturen notwendig. Die mikroskopischen Aufnahmen (Abbildung 7-5, Abbildung 7-6) lassen erkennen, dass beim drucklosen Sintern die Austenitkörner und die Martensitplatten deutlich größer sind als bei der FAST- Probe, obwohl die Dichte geringer ist und noch viele Poren sichtbar sind.

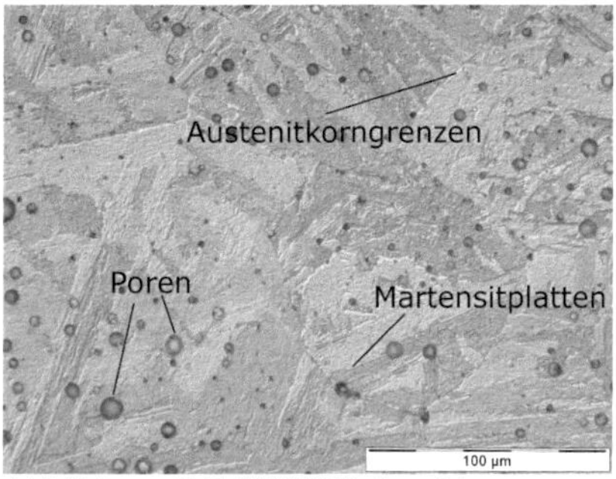

Abbildung 7-5 18Ni350 drucklos gesintert, 1300 °C

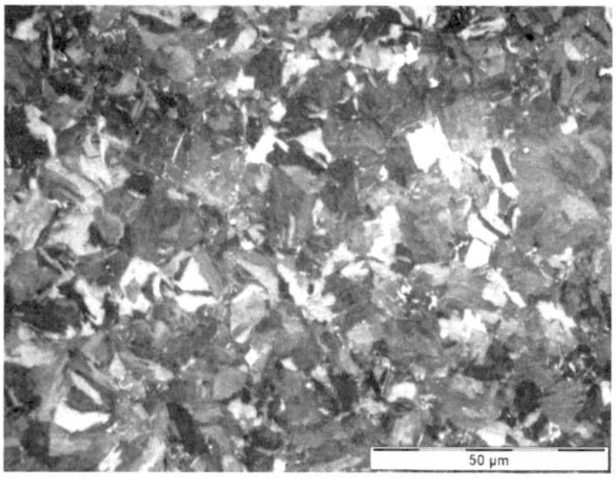

Abbildung 7-6 18Ni350 FAST, 1150 °C

Abbildung 7-7 zeigt den während des Prozesses aufgenommen Stempelweg des oberen Pressstempels der FAST- Anlage. In der Darstellung sind Sinterfahrten verglichen bei denen jeweils die gleiche Pulvermasse eingewogen wurde. Bei gleicher Werkzeuggeometrie (Querschnittsfläche, Stempelhöhe) ist der Stempelweg somit ein direktes Maß für die absolute Dichte. Im Vergleich stellt sich ein auffälliger Unterschied zwischen dem ungemahlenen Stahl und den gemahlenen und hartstoffhaltigen Varianten dar. Der Stahl zeigt bis ca. 700 °C kaum Verdichtung.

Bei den gemahlenen, hartstoffhaltigen Proben ist schon bei etwas uber 500 °C eine starke Volumenabnahme sichtbar. Der zu Beginn deutlich kleinere Stempelweg bei diesen Proben zeigt die schlechtere Verpressbarkeit der durch das Mahlen kaltverformten Pulver. Aus dem höheren Startwert des Stempelwegs der ZrO_2- Variante ist auch zu erkennen, dass ZrO_2- haltige Pulver höhere Pressdichten ermöglichen als Al_2O_3- haltige.

Die Verpressbarkeit wird verschlechtert, da es beim mechanischen Legieren zu einer starken Kaltverformung kommt. Bei der Konsolidierung beginnt ab etwa 600 °C die Umwandlung zu Austenit, gleichzeitig kommt es zu Rekristallisation, wodurch die Kaltverfestigung wieder abgebaut wird. Dadurch wird auch die Pressbarkeit wieder deutlich besser (Abbildung 7-7). Ab ca. 900 °C ist bei allen drei Varianten ein sehr ähnliches Verdichtungsverhalten sichtbar.

Der bei Prozessende verbleibende Unterschied im Stempelweg entspricht dem für 8 g Einwaage aus der unterschiedlichen theoretischen Dichte zu erwartenden Höhenunterschied der Proben von jeweils ca. 0,1 mm. Die Unstetigkeit der Temperatur bei ca. 500 °C resultiert aus dem Regelkreislauf der FAST- Anlage; da ab 450 °C die Regelung temperaturgesteuert ist, kommt es beim Umschalten zu einem deutlichen Überschwingen. Dies geschieht, da zur Temperaturmessung ein Pyrometer verwendet wird, das erst ab 400 °C misst. Daher sind unterhalb von 400 °C keine Messwerte aufgezeichnet.

Abbildung 7-8 zeigt, dass die erreichten Dichten bei einem Partikelgehalt von 5 Vol. % etwas absinken im Vergleich zur reinen Matrix. Mit zunehmendem ZrO_2-Gehalt steigt die Dichte an, während die Erhöhung des Al_2O_3- Gehalts keinen Einfluss auf die Dichte hat.

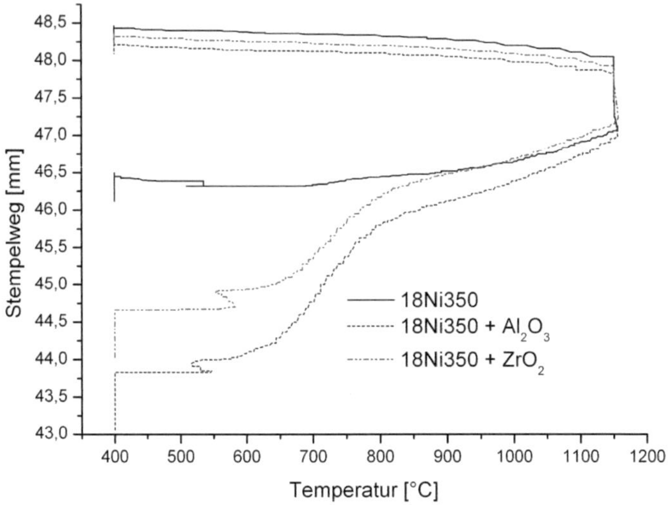

Abbildung 7-7 Vergleich des Stempelweges verschiedener Varianten in Abhängigkeit der Temperatur – zu beachten ist, dass der absolute Weg aufgetragen ist. Bei gleicher Masse ist dieser ein Maß für die absolute Dichte.

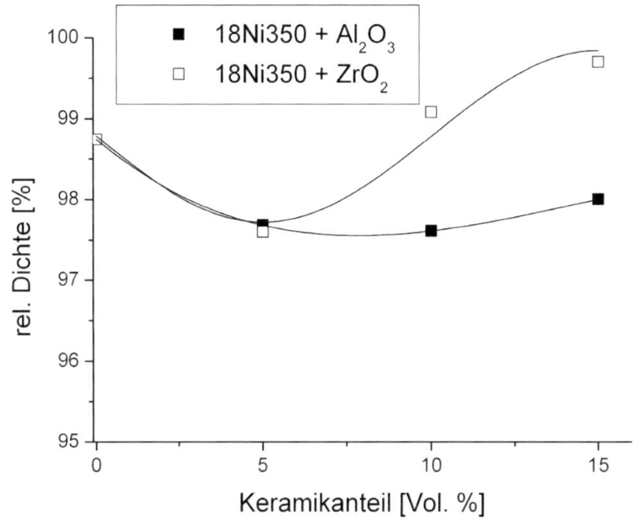

Abbildung 7-8 Vergleich der erreichten Dichten mit unterschiedlichem Gehalt an Keramikpartikeln

7.2 Mikrostruktur

Auch die REM- Aufnahmen in Abbildung 7 9 zeigen deutlich den Unterschied zwischen drucklosem Sintern und dem FAST- Prozess. Dabei fallen vor allem die deutlich geringere Porosität und das feinere Korn auf. Die Poren bei der drucklos gesinterten Probe sind globular und bis zu etwa 8 µm groß. Durch die höheren Temperaturen und die längeren Haltezeiten wachsen die Körner bis auf eine Korngröße von 300 µm an. Die Aufnahme der FAST Probe lässt keine Poren erkennen und die Korngröße ist mit ca. 10 µm im Bereich der Feinstkornstähle.

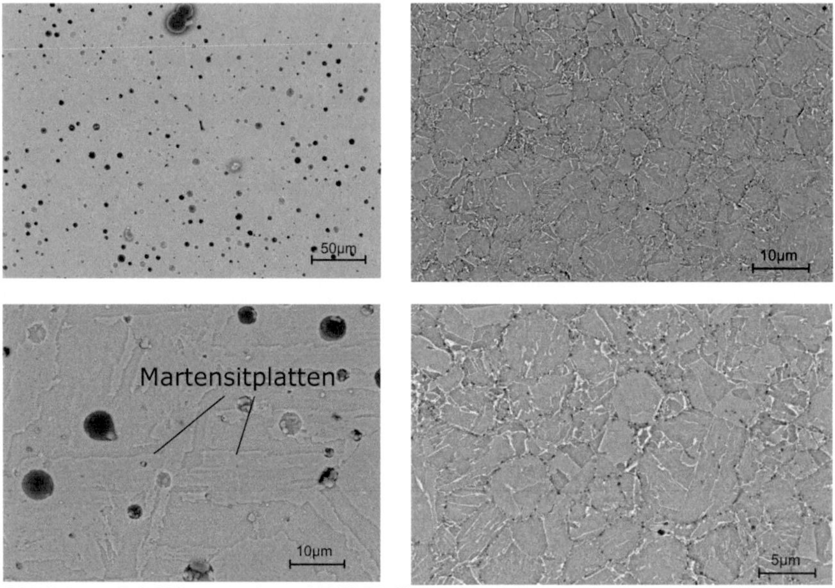

Abbildung 7-9 Mikrostruktur 18Ni350, links drucklos gesintert; rechts FAST

Durch Auswahl der geeigneten Keramikpartikel konnte ein Gefüge eingestellt werden, in dem die Partikel homogen verteilt sind und keine Agglomeration zu erkennen ist. Um dies zu erreichen, war ein mittlerer Durchmesser der Keramikpartikel von 3,5 µm geeignet, das bedeutet das Verhältnis zwischen den D_{50}- Werten des Matrixpulvers und des Keramikpulvers war in etwa 2:1.

Abbildung 7-10 zeigt Gefüge mit unterschiedlichen Gehalten an Al_2O_3. Es ist zu erkennen, dass die Al_2O_3- Partikel auch nach dem Mahlen noch eine enge Größenverteilung und sphärische Form aufweisen. Bei der Anordnung der Keramikpartikel ist keine Zeiligkeit, wie z. B. bei 100Cr6 + WC, zu erkennen. Bei 15 Vol. % Al_2O_3 kommt es schon vermehrt zum Kontakt zwischen den Keramikpartikeln (

Abbildung 7-10).

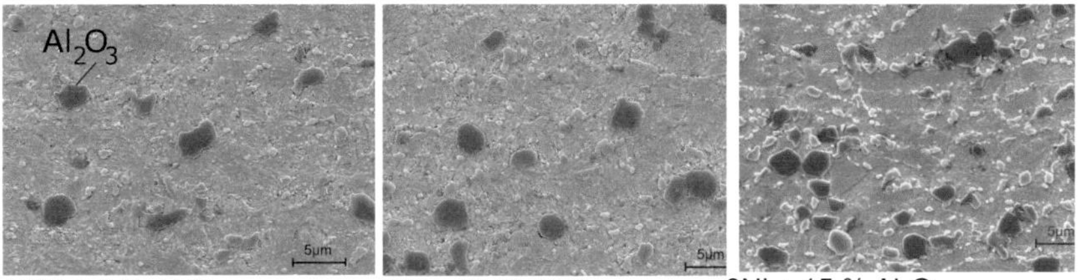

18Ni + 5 % Al_2O_3 8Ni + 10 % Al_2O_3 8Ni + 15 % Al_2O_3

Abbildung 7-10 Mikrostruktur 18Ni350 + Al_2O_3, SE-Detektor; x10000

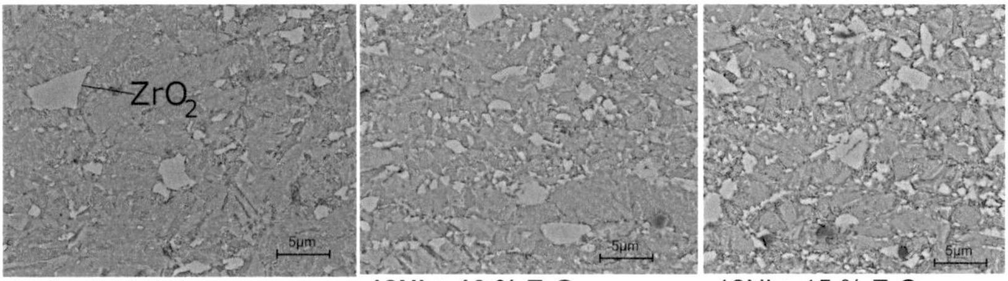

18Ni + 5 % ZrO_2 **18Ni + 10 % ZrO_2** 18Ni + 15 % ZrO_2

Abbildung 7-11 Mikrostruktur 18Ni350 + ZrO_2, BSE- Mode

Die Aufnahmen der Mikrostruktur bei ZrO_2- haltigen Proben wurden mit dem Rückstreudetektor gemacht, um den Massenkontrast zwischen Stahl und ZrO_2 zu erhöhen. Es ist zu sehen, dass die ZrO_2- Partikel eine kantigere Form und eine breitere Partikelgrößenverteilung haben. Auch hier kommt es bei 15 Vol. % schon vermehrt zu Kontakten zwischen den ZrO_2- Partikeln, wodurch die Wahrscheinlichkeit von Poren erhöht wird. Abbildung 7-12 zeigt eine Pore zwischen zwei ZrO_2- Partikeln. Diese Poren entstehen durch den Einfluss von Hartstoffagglomeraten auf die Druckverteilung und damit auf das Fließen des Stahls während des Sinterprozesses. Für alle Varianten konnte mit Hilfe des mechanischen Legierens eine vielversprechende Mikrostruktur erzeugt werden.

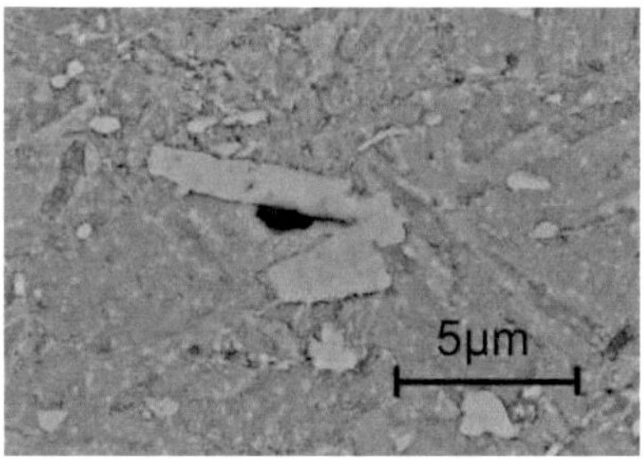

Abbildung 7-12 ZrO2- Partikel mit eingeschlossener Pore

Durch das mechanische Legieren der hartstoffhaltigen Varianten kam es zu einer unerwünschten Erhöhung des Sauerstoffgehaltes im Pulver. Die Reaktion des im Stahl enthaltenen Titans mit diesem eingebrachten Sauerstoff hatte einen sehr starken Einfluss auf das Auslagerungsverhalten. Um dies zu vermeiden, war es notwendig Titan in Form von TiH_2 beizumengen. Vor allem bei Varianten mit Al_2O_3 und TiH_2 entstanden während der Sinterung dadurch wiederum Poren mit Längen von bis zu 150 µm (Abbildung 7-13). Diese konnten reduziert oder sogar vermieden werden, indem die Pulver nach dem Mahlen in Schutzgas geglüht wurden, so dass sich das TiH_2 zu Ti und H_2 umsetzte und das Titan in den Stahl eindiffundieren konnte.

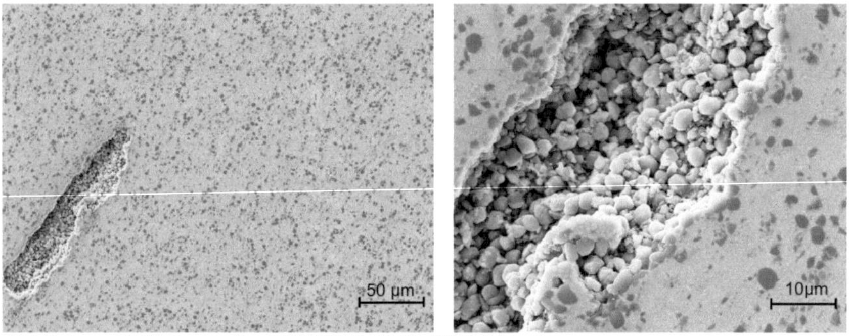

Abbildung 7-13 Poren in 18Ni350 + Al_2O_3 (TiH_2) Proben

7.3 Dilatometeruntersuchung an 18Ni350 Dispersionswerkstoffen

Da für die Festigkeit des 18Ni350- Stahls die Martensitbildung ein entscheidender Mechanismus ist, wurde mit Hilfe von Dilatometeruntersuchungen die Phasenumwandlung der unterschiedlichen Materialien untersucht.

Die Proben wurden bis auf 900 °C aufgeheizt und 1 h auf dieser Temperatur gehalten, um die vollständige Umwandlung zu kubisch- flächenzentriertem Austenit zu gewährleisten. Danach wurden die Proben wieder gleichmäßig bis auf ca. 90 °C abgekühlt (Abbildung 7-14, Abbildung 7-15). Der hier verwendete 18Ni350 wurde genau wie die hartstoffhaltigen Varianten vor dem FAST- Prozess mit TiH_2- Zusatz gemahlen, um den Einfluss der Hartstoffe zu untersuchen. Bei allen Proben zeigt sich beim Aufheizen die mit der Umwandlung von kubisch- raumzentriertem Gitter in das kubisch- flächenzentrierte Gitter verbundene Volumenabnahme. Die umgekehrte Umwandlung tritt beim Abkühlen bei deutlich niedrigeren Temperaturen auf (Abbildung 7-16). Außerdem ist zu erkennen, dass im isothermen Bereich bei 900 °C noch eine Volumenabnahme auftritt, die allerdings mit steigendem Al_2O_3- Gehalt immer mehr abnimmt.

Mit Zugabe der keramischen Hartstoffe verringerte sich der thermische Ausdehnungskoeffizient α. Im reinen 18Ni350 betrug dieser im krz- Gitter $13,5 \cdot 10^{-6}$/K und verringerte sich durch die Zugabe von 15 Vol. % Al_2O_3 auf $11,5 \cdot 10^{-6}$/K. Bei austenitischer Matrix betrug der Wert für reinen 18Ni350 $18,5 \cdot 10^{-6}$/K und sank durch die Zugabe von 15 Vol. % Al_2O_3 auf $17,1 \cdot 10^{-6}$/K (Abbildung 7-17). Die Werte der Proben mit Al_2O_3 liegen unter denen mit ZrO_2 (Abbildung 7-17), was aufgrund des niedrigeren WAK von Al_2O_3 auch zu erwarten war. Durch die Zugabe der Hartstoffe wird zudem die Martensitumwandlungstemperatur hin zu niedrigeren Temperaturen verschoben. Es ist zu anzumerken, dass sie mit steigendem Al_2O_3- Gehalt nicht weiter sinkt (Abbildung 7-16) allerdings für hohe ZrO_2- Gehalte ein geringes weiteres Absinken feststellbar ist.

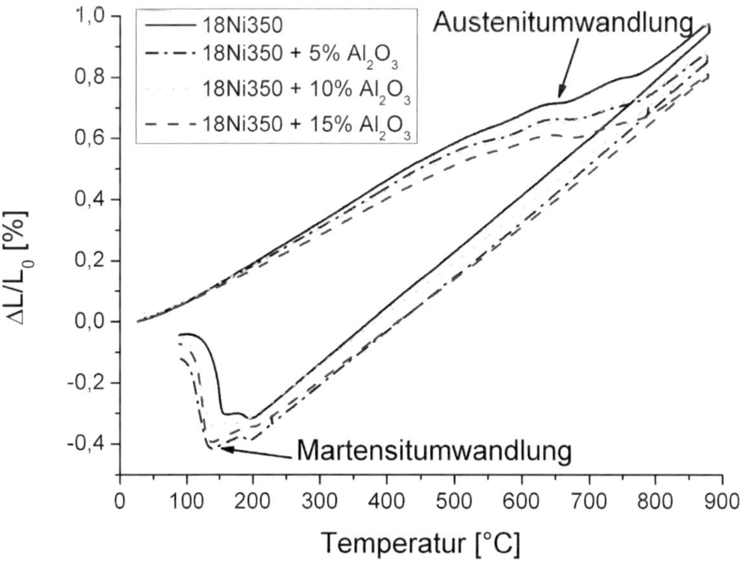

Abbildung 7-14 Dilatometeruntersuchungen an 18Ni350 + Al_2O_3

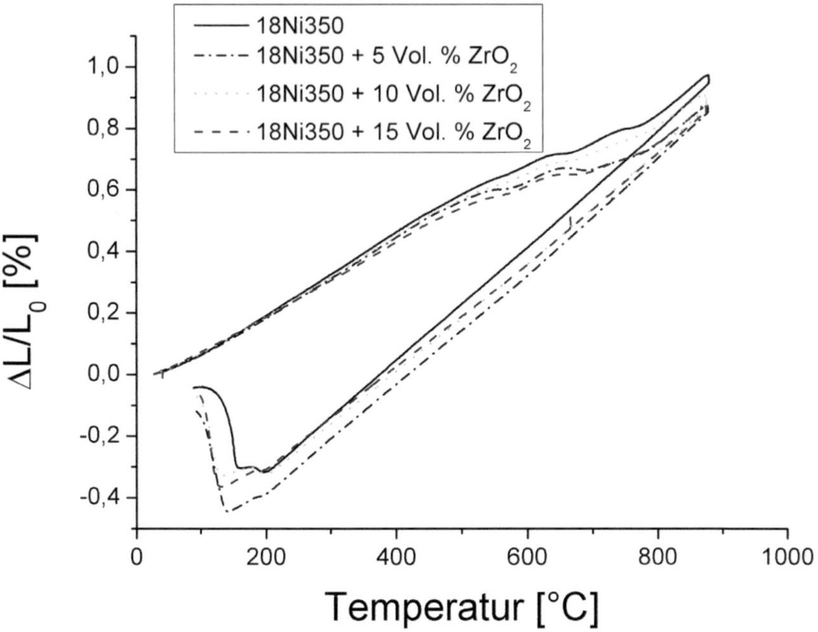

Abbildung 7-15 Dilatometeruntersuchungen an 18Ni350 + ZrO_2

Der Dilatometerversuch lässt sich in zwei Abschnitte unterteilen. Zuerst erfolgt das Aufheizen mit 5 K/min bis auf 900 °C (Abbildung 7-16). Während der Aufheizung sind unterschiedliche Bereiche auszumachen. Bis etwa 500 °C zeigt sich eine Volumenzunahme aufgrund von Wärmedehnung. Bei etwa 500 °C ist eine scheinbare Abnahme des WAK zu erkennen, die auf die Bildung der Ausscheidungen Ni_3Ti, Ni_3Mo und Fe_2Mo hinweist. Zwischen 600 °C und 800 °C erfolgt die Umwandlung von Martensit zu Austenit in zwei Stufen.

Die Abkühlung verläuft bis 200 °C im Austenit. Dann kommt es bei allen Varianten zum ersten Teil der Umwandlung zu Martensit. Diese erste Stufe tritt unabhängig vom Keramikanteil der Probe bei der gleichen Temperatur auf. Der zweite und deutlich größere Teil der Martensitumwandlung tritt bei etwas tieferen Temperaturen auf, wobei die Temperatur bei den Dispersionswerkstoffen noch etwas tiefer liegt als beim reinen Stahl.

Das Diffraktogramm in Abbildung 7-18 zeigt, dass trotz der niedrigeren Martensitumwandlungstemperatur die Proben nach dem Glühen bei 900 °C bei Raumtemperatur vollständig martensitisch waren.

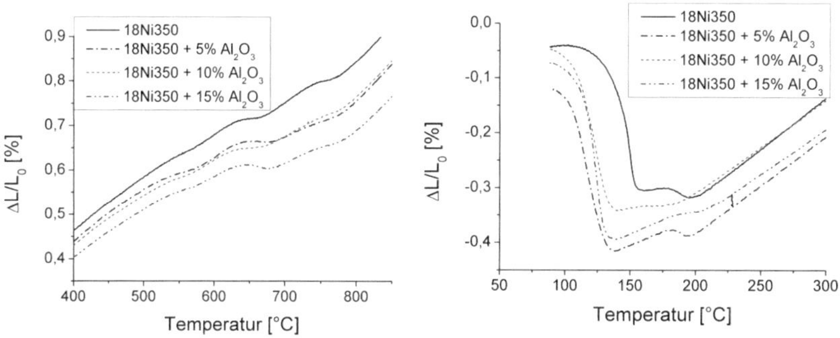

Abbildung 7-16 Martensit- Austenitumwandlung beim Aufheizen (links) und Martensitumwandlung beim Abkühlen der 18Ni350 + Al_2O_3 (TiH_2) Dispersionswerkstoffe

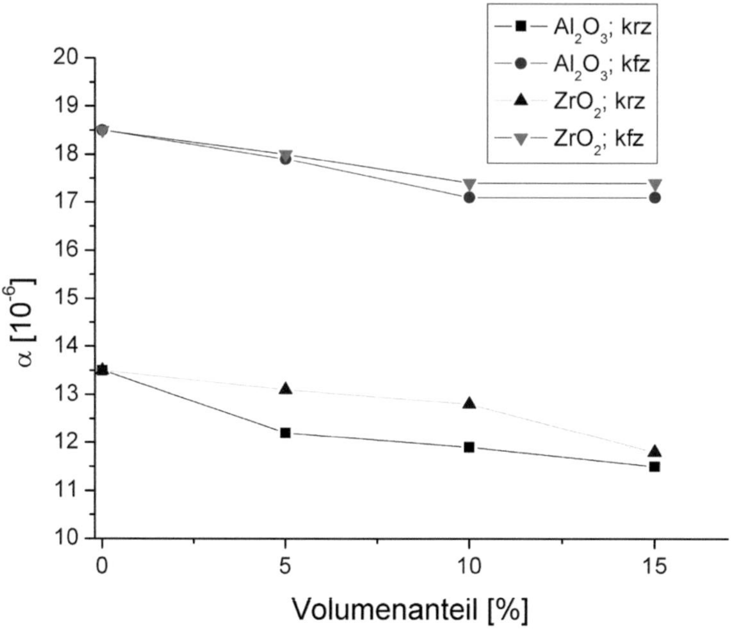

Abbildung 7-17 Einfluss des Hartstoffgehalts auf den Wärmeausdehnungskoeffizienten

Abbildung 7-18 Röntgendiffraktogramm 18Ni350 + Al_2O_3 nach dem Dilatometerversuch

7.4 Härte der 18Ni350 Dispersionswerkstoffe

Die Maximalhärte der Stahlmatrix wird durch die Auslagerung des Martensits bei Temperaturen zwischen 425 und 510 °C [11] erreicht. Dabei bleibt die Matrix martensitisch und es bilden sich feine intermetallische Ausscheidungen. Für den hier verwendeten Stahl liegt die optimale Auslagerungstemperatur für geschmiedete Varianten bei 510 °C [20]. Diese wurde auch für die Auslagerungsversuche der durch FAST hergestellten Varianten angewendet. Im geglühten Zustand ist der Martensit mit 360 HV2 noch weich. Wie in Abbildung 7-19 zu erkennen, steigt die Härte schnell an bis nach 3 h mit 630 HV2 die maximale Härte erreicht ist. Danach fällt durch Überalterung die Härte langsam ab. Allerdings ist auch nach 18 h nur eine geringe Abnahme der Härte messbar. Die erreichte Maximalhärte liegt über der für diesen Stahl angegebenen Härte der geschmiedeten Sorten. Daher eignet sich die Temperatur von 510 °C auch für das pulvermetallische Herstellungsverfahren.

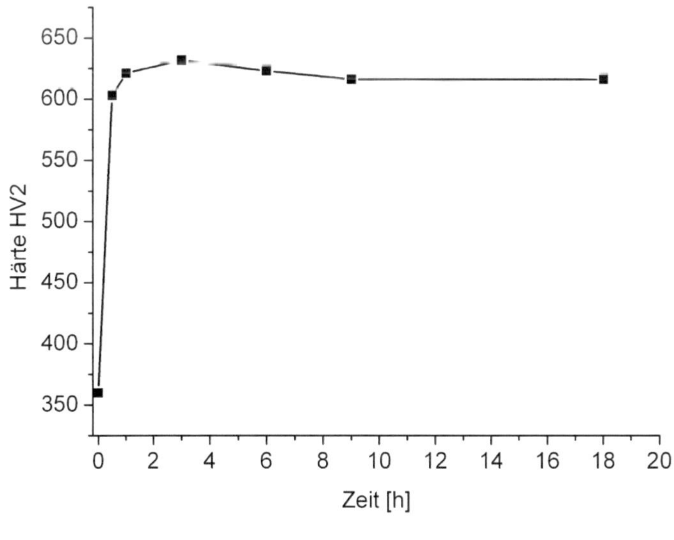

Abbildung 7-19 Auslagerungsschaubild für 18Ni350 bei 510 °C

Durch die Zugabe von Al_2O_3 stellt sich, wie erwartet, eine deutliche Härtesteigerung direkt nach dem FAST- Prozess ein. Allerdings zeigt sich bei der Auslagerung, dass mit zunehmendem Al_2O_3- Gehalt die Härtbarkeit der Stahlmatrix abnimmt und die Härte des Verbundwerkstoffes nicht höher ist als die des reinen Matrixmaterials (Abbildung 7-20). Zudem ist die Überalterung der hartstoffhaltigen Varianten stärker ausgeprägt als beim reinen 18Ni350. Dadurch sinkt die Härte der Proben mit Al_2O_3 nach 18 h Auslagerung deutlich unter die des unverstärkten Stahls. Durch die Zugabe von 1 Ma.- % Ti als feines TiH_2- Pulver vor dem mechanischen Legieren konnte die Ausscheidungsreaktion wieder hergestellt werden, so dass durch die Zugabe des Al_2O_3 eine deutliche Härtesteigerung im Vergleich zu 18Ni350 realisiert werden konnte (Abbildung 7-21). Für den ZrO_2 - Hartstoff ergaben sich sehr ähnliche Ergebnisse, so dass auch hier für alle weiteren Untersuchungen Proben mit zusätzlichem Titan verwendet wurden.

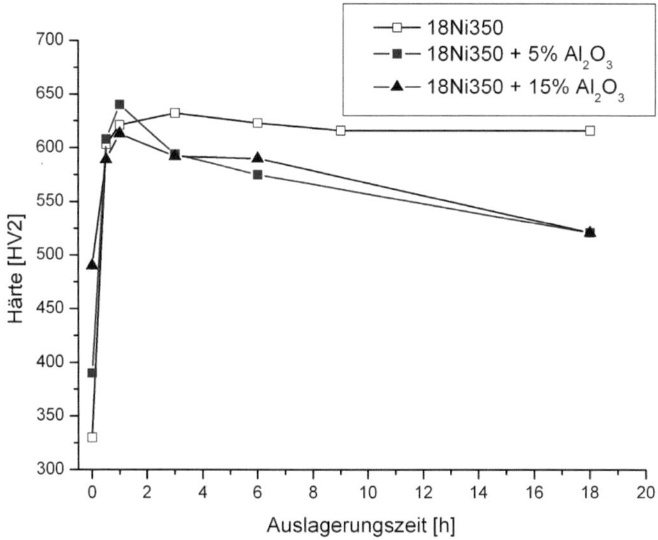

Abbildung 7-20 Auslagerungsschaubild 18Ni350 mit Al_2O_3 ohne TiH_2

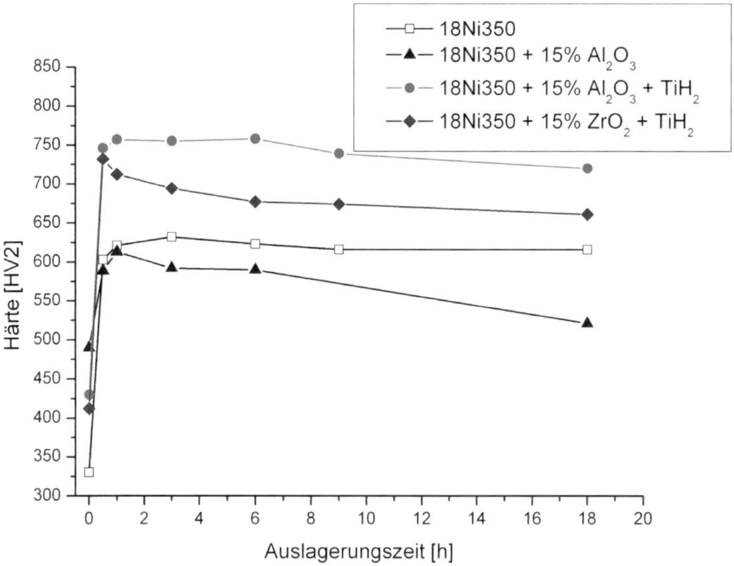

Abbildung 7-21 Einfluss von Ti- Zusatz auf das Auslagerungsschaubild von 18Ni350 mit Partikelverstärkung

Schon die Zugabe von 5 Vol. % Al_2O_3- Partikeln resultiert in einer deutlichen Steigerung der Härte, wenn ausreichend Titan in der Matrix vorhanden ist. Die stufenweise weitere Erhöhung des Al_2O_3- Gehalts bewirkte zwar einen leichten Anstieg der Härte, allerdings fällt dieser nicht mehr so groß aus wie beim ersten Schritt. Auffällig ist auch, dass bei hartstoffhaltigen Varianten mit 5 und 15 Vol. % auch nach 18 h noch ein weiterer Abfall der Härte messbar ist, während nach diesen Auslagerungszeiten der reine 18Ni350 bereits einen Plateauwert erreicht hat (Abbildung 7-22).

Bei der mikroskopischen Betrachtung der Härteeindrücke ist zu beobachten, dass es an den Eindruckkanten häufig zu Grenzflächenablösungen zwischen den Al_2O_3-Partikeln und der Stahlmatrix kommt. Auf der linken Seite der Abbildung 7-23 ist ein Riss in einem Al_2O_3- Partikel erkennbar, solche Risse waren jedoch nur selten zu erkennen.

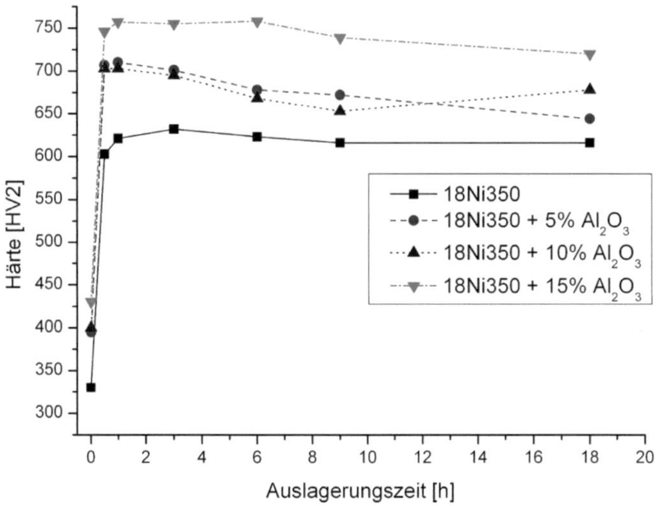

Abbildung 7-22 Auslagerungsschaubild 18Ni350 + Al_2O_3 (+TiH_2)

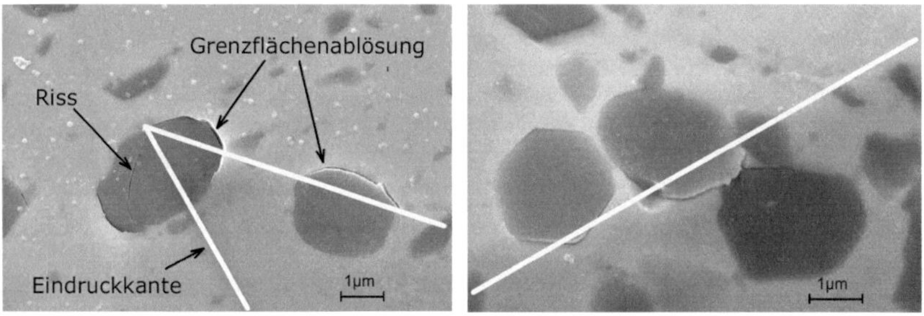

Abbildung 7-23 Härteeindrücke mit Grenzflächenablösungen an Al_2O_3-Partikeln

Bei den Verbundwerkstoffen mit ZrO_2 zeigte die Untersuchung der Härte ein etwas anderes Bild als bei den Al_2O_3- haltigen Varianten. Die Auslagerungsschaubilder (Abbildung 7-21) bei 510 °C zeigen, dass die Härte der ZrO_2-Varianten schon nach 30 min das Maximum erreicht und danach rasch abfällt. Daher wurde für Proben mit ZrO_2 die Auslagerungstemperatur auf 490 °C abgesenkt, wodurch der Härteabfall nach 30 min vermieden werden konnte. Es ist aber auch bei 490 °C zu erkennen, dass sich der Zeitpunkt der maximal zu erreichenden Härte mit zunehmendem ZrO_2-Gehalt zu kürzeren Zeiten hin verschiebt (Abbildung 7-24).

Die drei Varianten mit 5, 10, und 15 Vol. % ZrO_2- Partikeln unterscheiden sich in der Härte nur geringfügig und bei allen Varianten war die Abnahme durch Überalterung nur sehr gering. Die Härtesteigerung im Vergleich zum Stahl 18Ni350 war durch die Zugabe von ZrO_2 geringer als mit Al_2O_3.

Die mikroskopische Betrachtung der Härteeindrücke zeigt hier ein anderes Bild als bei der Zugabe von Al_2O_3- Partikeln (Abbildung 7-25). Die Grenzfläche zwischen ZrO_2- Partikeln und Stahlmatrix zeigt keinerlei Ablösungen oder Risse. In den Partikeln zeigen sich nur in wenigen Fällen Risse.

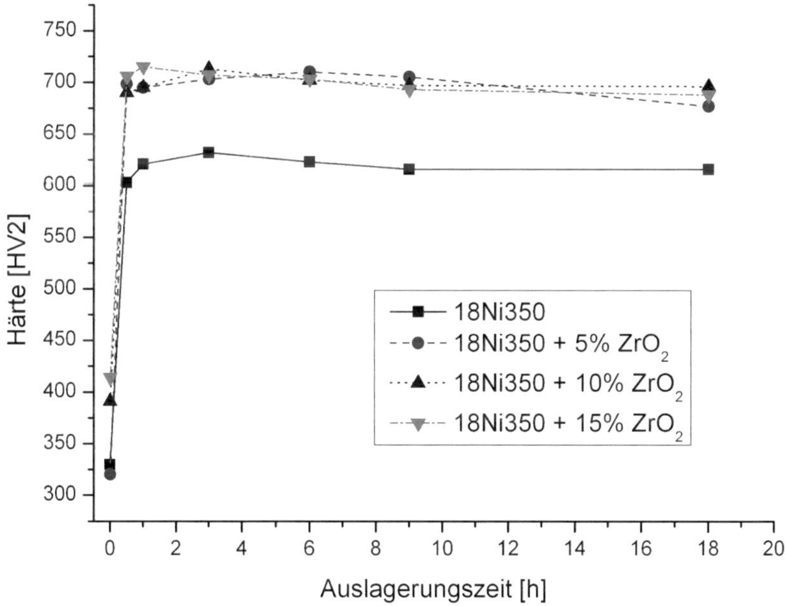

Abbildung 7-24 Auslagerungsschaubild 18Ni350 + ZrO_2 (TiH_2), 490 °C

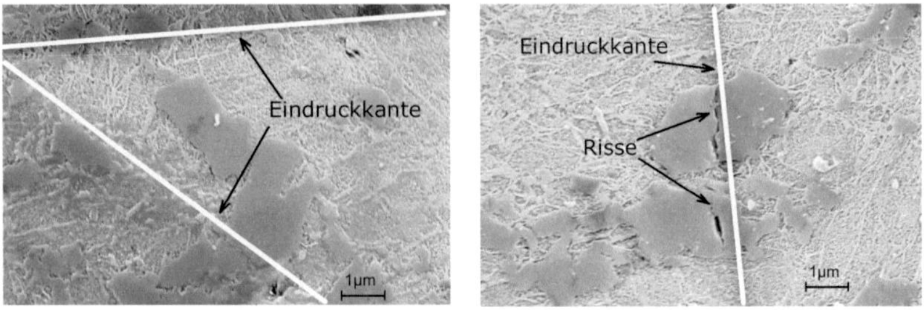

Abbildung 7-25 Härteeindrücke mit Rissen in ZrO_2- Partikeln

7.5 Verschleißuntersuchungen an 18Ni350 Dispersionswerkstoffen

Der reine 18Ni350 im ausgelagerten Zustand ist auch aufgrund seiner relativ geringen Härte für tribologische Beanspruchungen wenig geeignet. Er zeigte bei den hier angewandten Verschleißuntersuchungen mit 30 µm den stärksten Abtrag aller Proben. Durch die Zugabe von Keramikpartikeln konnte das Verschleißverhalten in allen Fällen stark verbessert werden.

Schon bei der Herstellung der Proben mit Al_2O_3 für die Tribologieuntersuchungen fiel die hohe Widerstandsfähigkeit gegen spanende Bearbeitung auf. Die Verschleißprüfungen bestätigten diesen Eindruck. Es zeigte sich, dass schon mit 5 Vol. % Al_2O_3 der Verschleiß mit 1,2 µm nur sehr gering ist. Die Reibspuren sind lichtmikroskopisch bei allen Proben deutlich zu erkennen. Die Aufnahmen der Spuren zeigen eine plastische Verformung des Matrixmaterials, wobei die beanspruchte Oberfläche deutlich rauer erscheint als das Ausgangsmaterial (Abbildung 7-26, Abbildung 7-27). Die Al_2O_3- Partikel sind teilweise mit dem Stahl überschmiert. Ausgebrochene Partikel sind nicht zu erkennen. Durch den Abtrag bilden sich einzelne Riefen von 1- 2 µm Tiefe (Abbildung 7-28). Ein Abtrag über die gesamte Spurbreite ist nicht erkennbar.

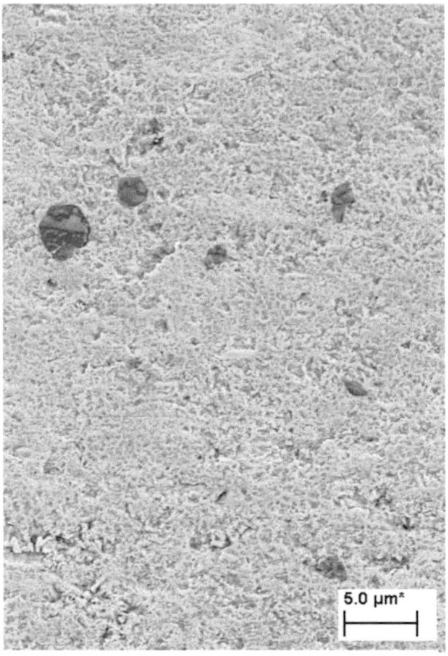

Abbildung 7-26 Reibspur 5 Vol. % Al_2O_3

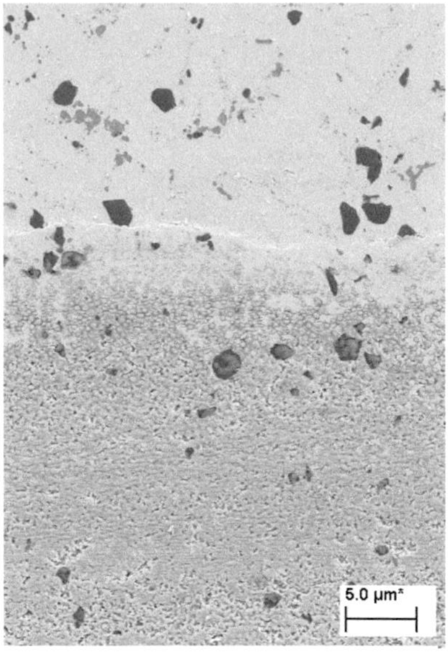

Abbildung 7-27 Rand der Reibspur; nicht beanspruchtes Gefüge im oberen Bereich (5 Vol. %)

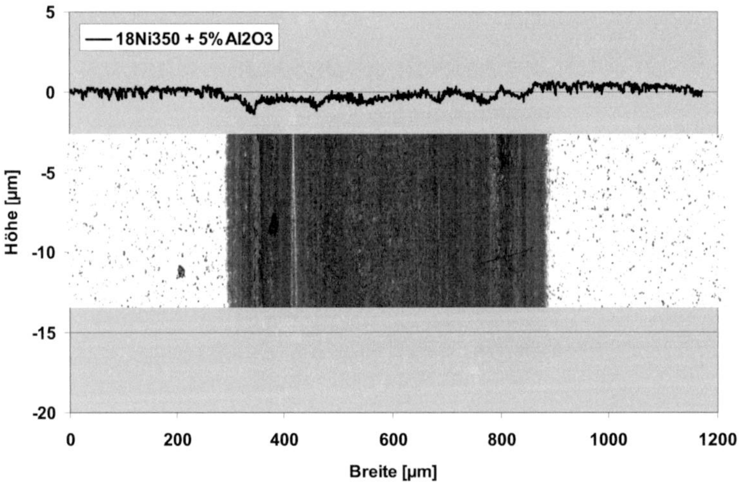

Abbildung 7-28 Reibspurprofil der 18Ni350 + 5 Vol. % Al_2O_3- Probe

Bei den Varianten mit 10 und 15 Vol. % Al_2O_3 ändert sich das Bild insofern, dass hier Teile von Partikeln oder auch ganze Partikel ausgebrochen sind (Abbildung 7-29, Abbildung 7-30). Die Verschleißtiefe ist aber jeweils unter 1 µm und damit kaum quantifizierbar (Abbildung 7-31, Abbildung 7-32).

Die Messung der Reibungszahl (Abbildung 7-33) zeigt beim unverstärkten 18Ni350 eine deutliche Überhöhung im Anlauf. Danach fällt die Reibungszahl auf einen konstanten Wert von 0,15 ab, bevor sie ab ca. 300 m Reibweg durch den zunehmenden Verschleiß langsam ansteigt. Der Einfluss der Al_2O_3-Dispersoide zeigt sich schon deutlich im Anlaufverhalten (Abbildung 7-34). Nur die Variante mit 5 Vol. % Al_2O_3 weist noch einen leichten Reibungszahlanstieg während der Anlaufphase auf. Ein Reibungszahlanstieg gegen Ende des Versuchs, wie beim unverstärkten 18Ni350, ist bei den partikelverstärkten Varianten nicht zu erkennen.

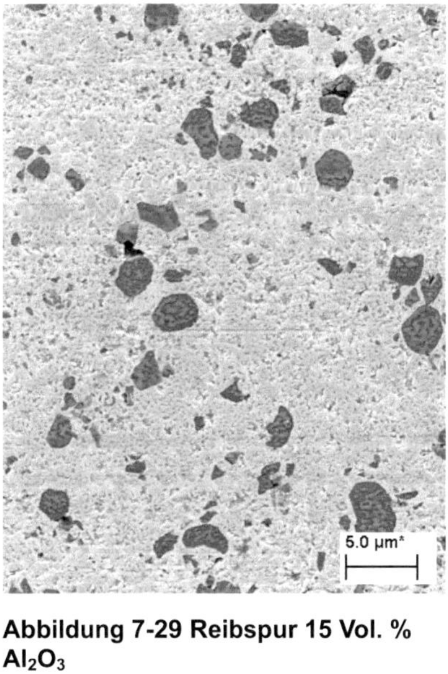

Abbildung 7-29 Reibspur 15 Vol. % Al_2O_3

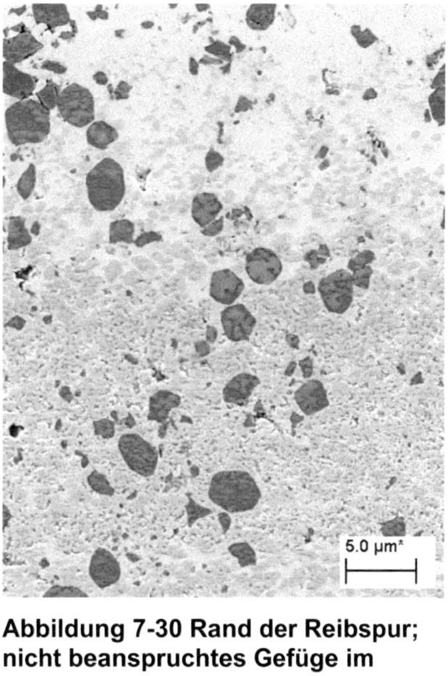

Abbildung 7-30 Rand der Reibspur; nicht beanspruchtes Gefüge im oberen Bereich (15 Vol. %)

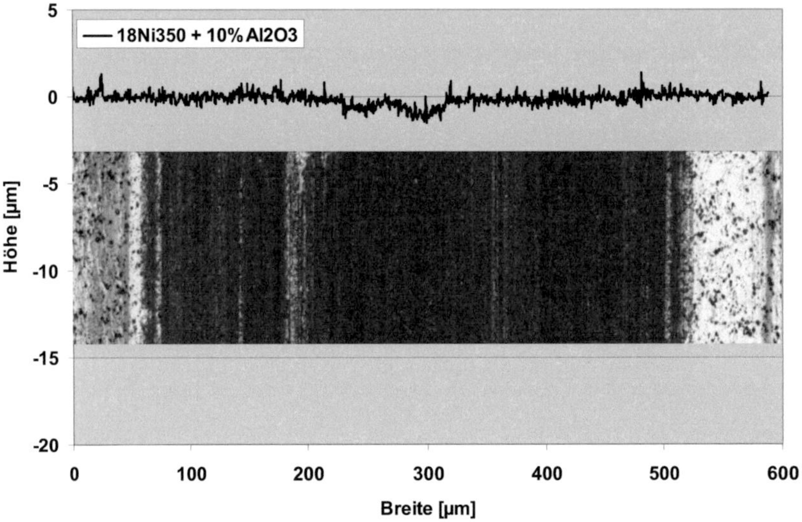

Abbildung 7-31 Reibspurprofil der 18Ni350 + 10 Vol. % Al_2O_3- Probe

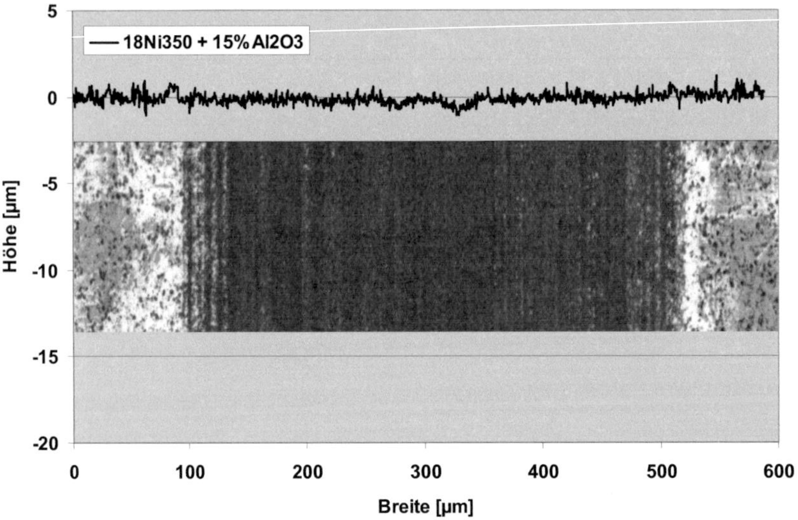

Abbildung 7-32 Reibspurprofil der 18Ni350 + 15 Vol. % Al_2O_3 Probe

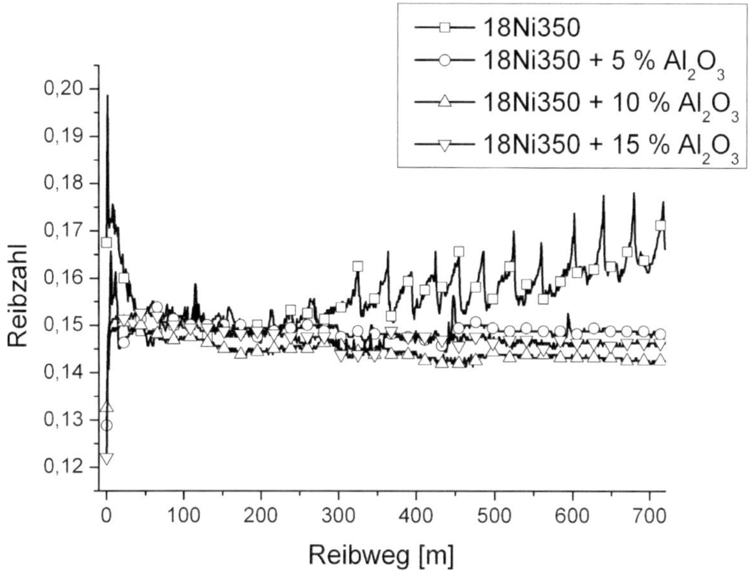

Abbildung 7-33 Reibungszahlverlauf der Proben mit Al_2O_3

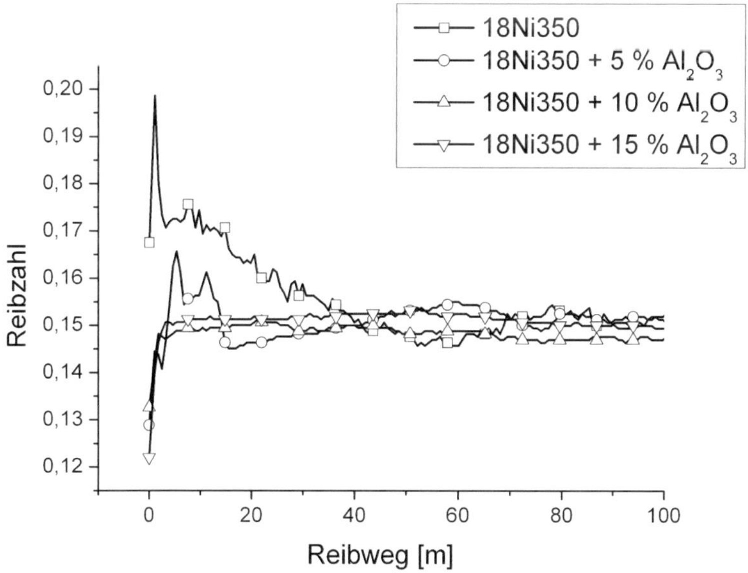

Abbildung 7-34 Reibungszahl im Anlaufbereich der Al_2O_3 Proben

Das Verschleißverhalten der ZrO_2- haltigen Varianten unterscheidet sich deutlich von den Varianten mit Al_2O_3. Eine Zugabe von 5 Vol. % ZrO_2- Partikeln führte zu einer Verminderung des Abtrags auf maximal 10 µm (Abbildung 7-37). Damit ist die Verschleißminderung mit Al_2O_3- Partikeln deutlich effektiver als mit ZrO_2- Partikeln. Eine Erhöhung des Partikelanteils führte auch zu geringeren Abtragsraten, wobei der Abtrag mit 15 Vol. % ZrO_2 auch unter 1 µm lag. Die mikroskopischen Untersuchungen zeigen Adhäsionsverschleiß, Partikelausbrüche und deutliche plastische Verformungen des Matrixmaterials (Abbildung 7-35, Abbildung 7-36).

Abbildung 7-35 REM- Aufnahme einer Reibspur auf einer 18Ni350- 15 Vol. % ZrO_2; plastische Verformung führt zum Verschmieren des Matrixmaterials

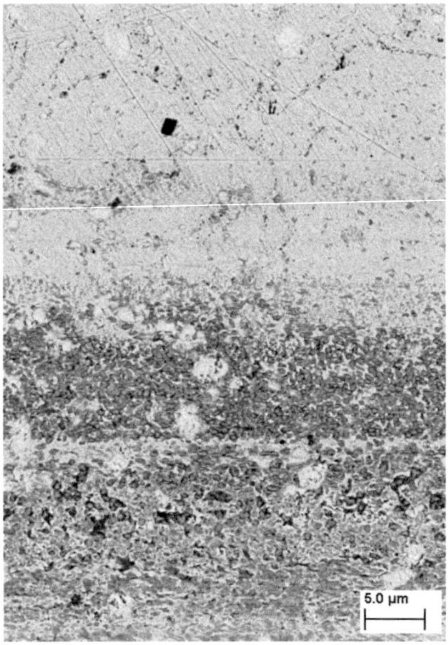

Abbildung 7-36 REM- Aufnahme vom Rand einer Reibspur auf einer 18Ni350- 15 Vol. % ZrO_2; durch Adhäsion aufgerauhte Oberfläche

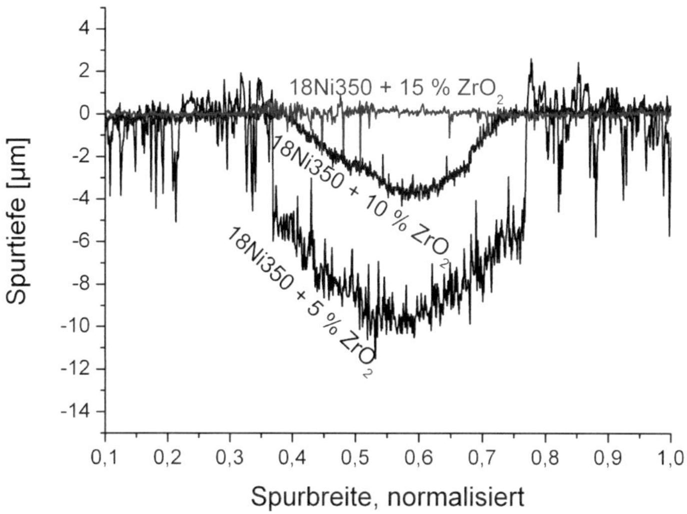

Abbildung 7-37 Verschleißtiefe 18Ni350 + ZrO_2

Auch die Entwicklung der Reibungszahl (Abbildung 7-38) zeigt ein etwas anderes Bild als bei Al_2O_3- Varianten. Im Anlauf der Verschleißmessungen zeigen alle ZrO_2- Proben eine leichte Reibungszahlüberhöhung (Abbildung 7-39), ähnlich wie der unverstärkte 18Ni350. Ab ca. 40 m Reibweg stellt sich ein konstant niedriger Wert von ca. 0,15 ein. Trotz des höheren Verschleißes zeigen auch die ZrO_2- haltigen Varianten keinen Anstieg der Reibungszahl bei längeren Reibwegen.

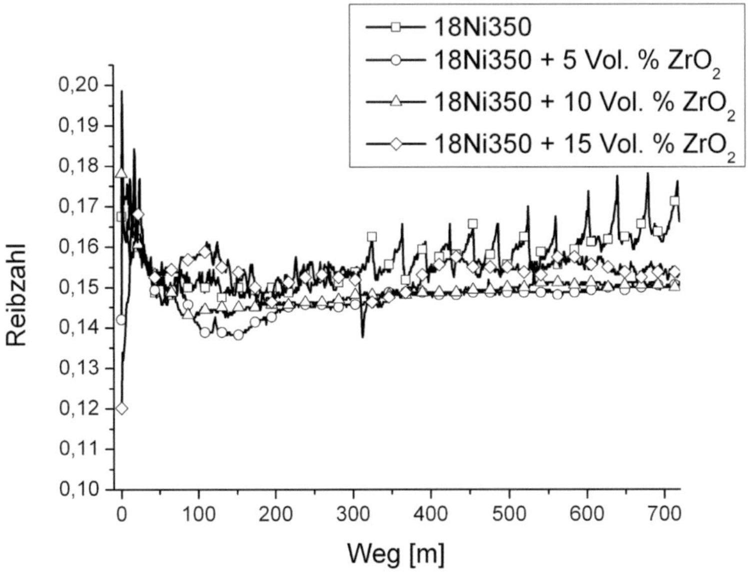

Abbildung 7-38 Reibungszahlverlauf der 18Ni350 + ZrO_2 Varianten

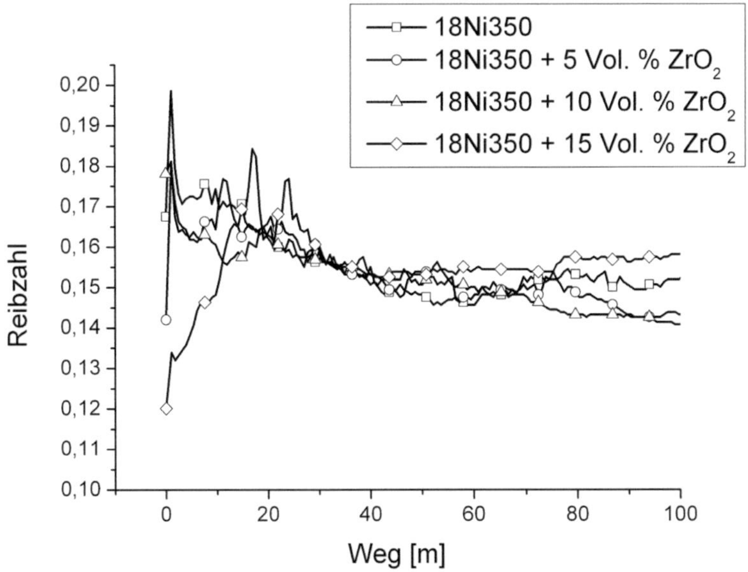

Abbildung 7-39 Anlaufverhalten im Reibtest der 18Ni350 + ZrO_2 Varianten

7.6 Zugfestigkeit der 18Ni350 Dispersionswerkstoffe

Die Zugfestigkeit des Stahls und der Dispersionswerkstoffe wurde im wärmebehandelten Zustand bei maximal erreichbarer Härte gemessen. Für den reinen Stahl war dies 3 h bei 510 °C. Der Zugversuch (Abbildung 7-40) ergab für 18Ni350 ohne Keramikpartikel eine Zugfestigkeit von 2150 MPa und eine Bruchdehnung von 2,7 %. Der aus diesem Versuch errechnete E- Modul lag mit 174 GPa im zu erwartenden Bereich. Die aus dem Diagramm entnommene 0,2-Dehngrenze liegt bei 2004 MPa. Die REM- Aufnahme der Bruchfläche zeigt am Rand deutlich den Bereich der Einschnürung (Abbildung 7-41). Auch die Detailaufnahme (Abbildung 7-42) weist mit der sehr feinen Wabenstruktur deutlich auf einen duktilen Bruch hin.

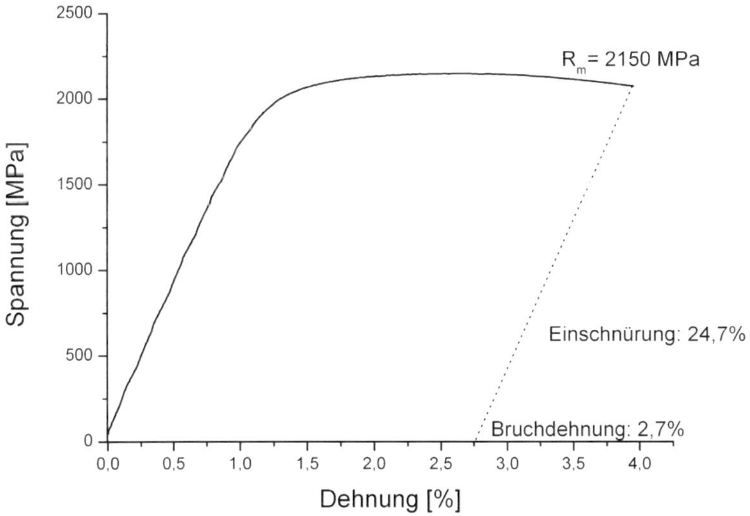

Abbildung 7-40 Zugversuch an 18Ni350, FAST, 510 °C, 3h

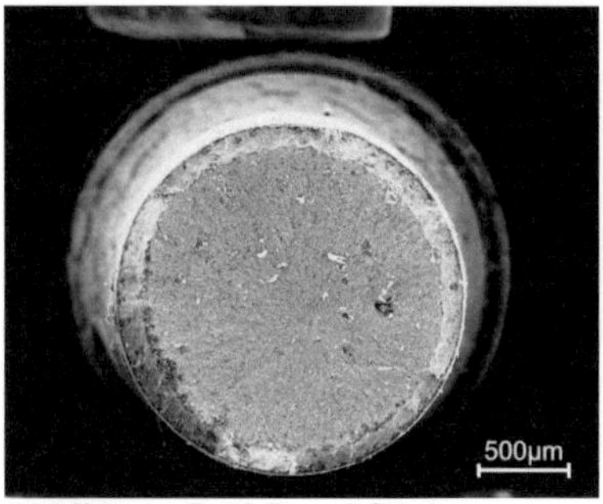

Abbildung 7-41 Bruchflächen 18Ni350

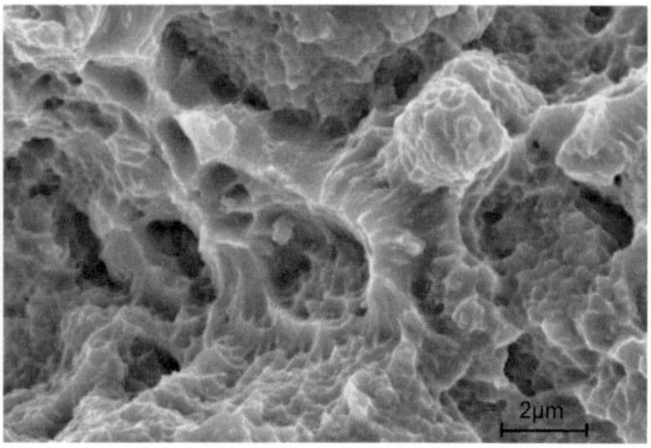

Abbildung 7-42 Wabenbruchoberfläche bei reinem 18Ni350

Für die Messungen der Zugfestigkeit wurden ebenfalls Proben mit den drei Stufen 5, 10 und 15 Vol. % an ZrO_2 und Al_2O_3 untersucht. Die Wärmebehandlung der Al_2O_3-Varianten entsprach der der reinen Matrix (510 °C, 3 h). Abbildung 7-43 zeigt typische Werte der Zugversuche.

Durch die Zugabe von 5 Vol. % Al_2O_3 stieg die Zugfestigkeit auf 2256 MPa an, wobei noch eine geringe plastische Dehnung zu erkennen ist. Es fällt auf, dass der Wert für 10 Vol. % Al_2O_3 sehr niedrig ist. Die E- Module der Proben mit 0, 5 und 10 Vol. % Al_2O_3 liegen eng zusammen, so dass die Kurven in der Abbildung fast übereinander liegen.

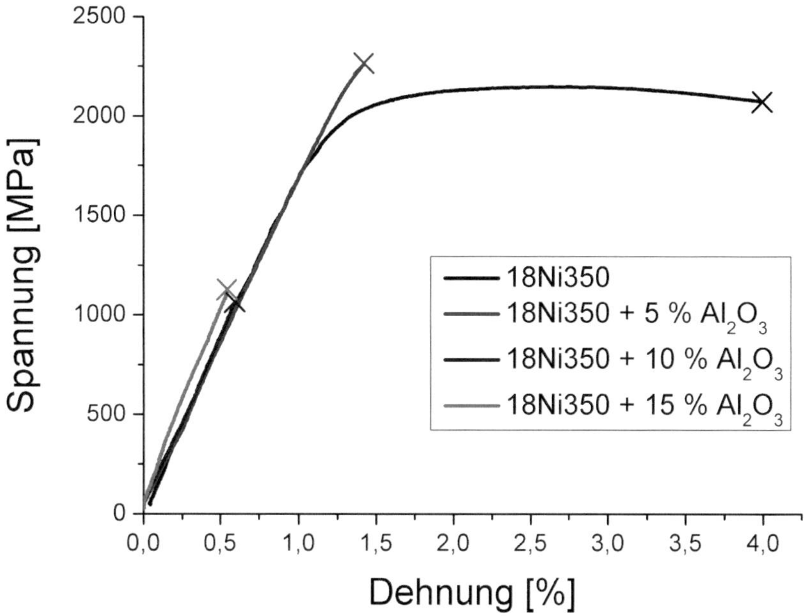

Abbildung 7-43 Zugversuche an 18Ni350 +Al_2O_3 Proben

Die Gesamtaufnahme der Bruchfläche einer Probe mit 10 Vol. % Al_2O_3 lässt keine Brucheinschnürung erkennen (Abbildung 7-44a). Allerdings lassen sich zwei unterschiedliche Oberflächenstrukturen erkennen. Der größte Teil der Oberfläche weist ebenfalls eine Wabenstruktur auf mit deutlich sichtbaren Al_2O_3- Partikeln, die teilweise aus der Matrix herausgelöst wurden (Abbildung 7-44b). Ein Teil der Oberfläche (Abbildung 7-44 c und d) zeigt eine deutlich andere Struktur. Hier ist keine Wabenstruktur oder plastische Verformung zu erkennen. Dies deutet darauf hin, dass es sich hier, wie es bereits bei den Mikrostrukturuntersuchungen zu erkennen war, um große Poren handelt.

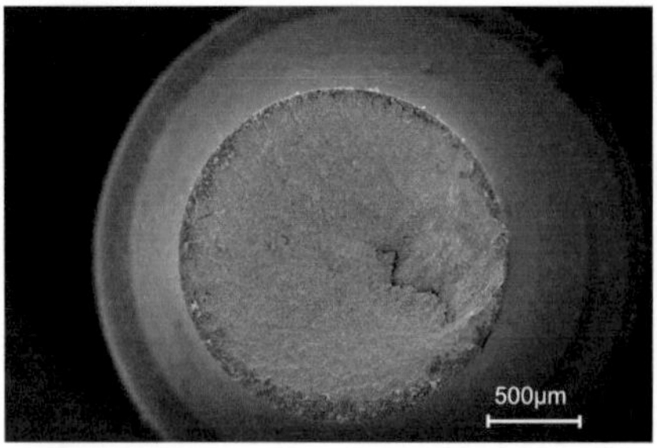

a. Bruchfläche mit unverformtem Bereich (rechts)

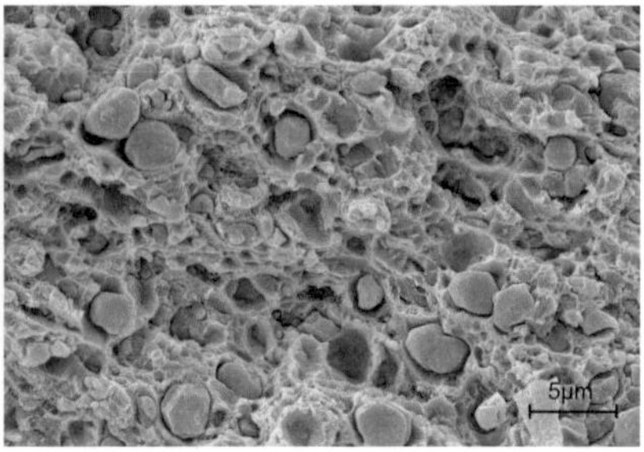

b. Vergrößerung verformter Bereich mit Wabenstruktur und Al_2O_3 Partikeln

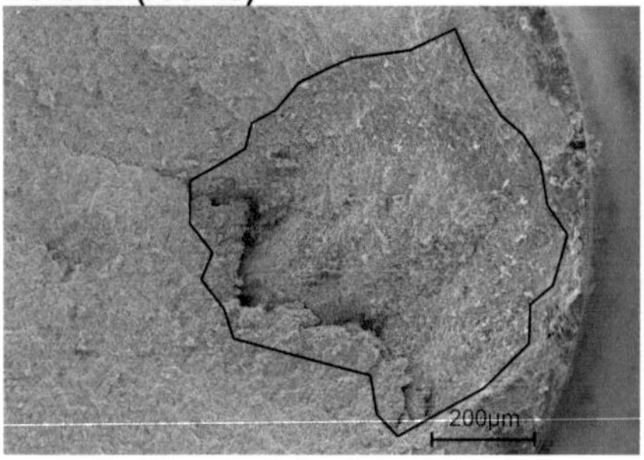

c. große Pore auf der Bruchfläche

d. Vergrößerung der Porenoberfläche- keine Wabenstruktur

Abbildung 7-44 Unterschiedliche Bruchflächenstrukturen bei 18Ni350 + Al_2O_3-Proben

Bei den ZrO_2- haltigen Varianten wurde die Auslagerungstemperatur auf 490 °C herabgesetzt und die Auslagerungszeit für alle Volumengehalte bei 3 h belassen.

Für die Zugversuche ergab sich dann ein ähnliches Bild wie bei Al_2O_3- haltigen Varianten. Die Abnahme der Festigkeit durch die Erhöhung des Keramikanteils fällt hier weniger deutlich aus im Vergleich zum Al_2O_3. Die Zugabe von 5 Vol. % ZrO_2 bewirkte einen leichten Anstieg der Festigkeit, allerdings ging die Duktilität sehr stark zurück, so dass schon bei 5 Vol. % nur eine sehr geringe plastische Dehnung auszumachen ist. Für Varianten mit 10 und 15 Vol. % ZrO_2 geht die Festigkeit (Abbildung 7-45) stark zurück und der Bruch erfolgt ohne messbare plastische Dehnung. Beim Betrachten der Bruchfläche ist keine Einschnürung mehr zu erkennen (Abbildung 7-46). Die Vergrößerung (Abbildung 7-47) zeigt die in der Stahlmatrix eingebetteten ZrO_2-

Partikel. Es ist immer noch eine Wabenstruktur zu erkennen, wobei große Waben oft ein ZrO_2- Partikel im Zentrum haben.

Der E- Modul wurde mit Hilfe der Resonanzfrequenzmethode gemessen und nimmt, wie erwartet, mit steigendem Keramikanteil zu (Abbildung 7-48). Hier ist auch zu erkennen, dass die Festigkeit mit 10 und 15 Vol. % Partikeln bei ZrO_2 höher ist als bei Al_2O_3 Varianten. Außerdem wird deutlich, dass die Erhöhung von 10 auf 15 Vol. % bei beiden Varianten keine weitere Abnahme der Festigkeit bewirkt.

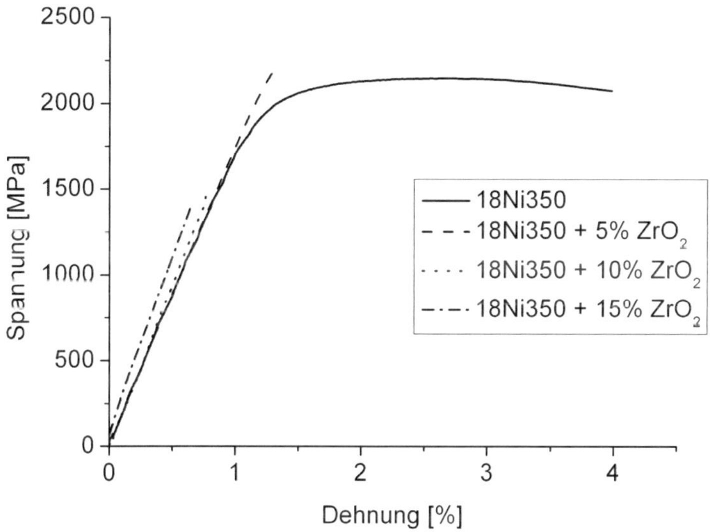

Abbildung 7-45 Zugversuch an ZrO_2- Dispersionswerkstoffen, 490 °C, 3 h

Abbildung 7-46 Bruchfläche 18Ni350 + 10 Vol. % ZrO_2

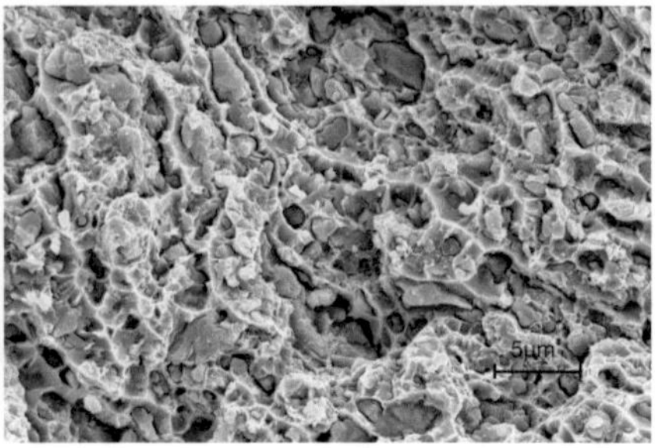

Abbildung 7-47 Vergrößerung der Bruchfläche von 18Ni350 + 10 Vol. % ZrO_2

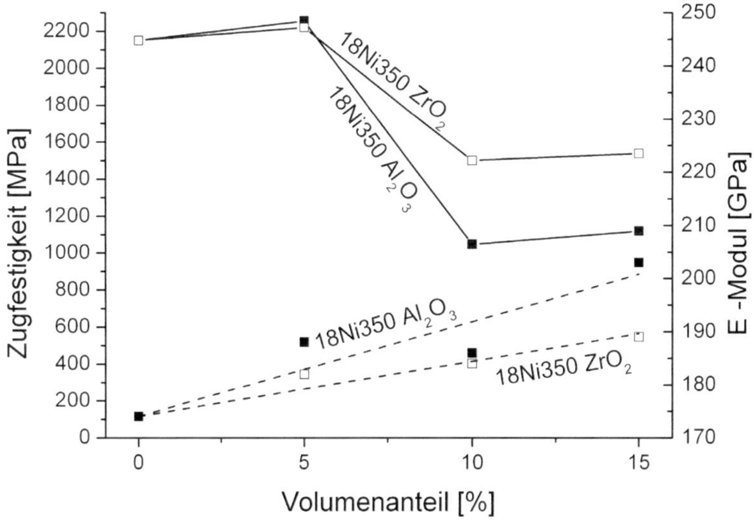

Abbildung 7-48 Festigkeiten und E- Modul in Abhängigkeit des Partikelanteils von 18Ni350- Dispersionswerkstoffen

7.7 Bruchzähigkeit der 18Ni350 Dispersionswerkstoffe

Die Bruchzähigkeit der Materialien wurde an SEVNB- Proben gemessen. Es zeigt sich, dass das reine Matrixmaterial mit einer Bruchzähigkeit von über 45 MPa $m^{1/2}$ sehr hohe Werte aufweist. Die schon im Zugversuch hervorgetretene Versprödung durch einen zunehmenden Volumenanteil an Keramikpartikeln zeigt sich auch bei den Bruchzähigkeiten. Besonders auffällig ist der niedrige Wert der Proben mit 5 Vol. % ZrO_2, der mit nur 17,9 MPa $m^{1/2}$ deutlich unter den anderen gemessenen Werten liegt (Abbildung 7-49). Bei den Werten mit 10 und 15 Vol. % Partikeln unterscheiden sich ZrO_2 und Al_2O_3 nur geringfügig. Alle Werte liegen im zulässigen Bereich, da für die Breite B, die Risslänge a und die Ligamentlänge (W- a) die Bedingung

$$B, a, (W-a) < 2{,}5\left(K_{IC} / R_{p0,2} \right)$$ Gleichung 7.1

erfüllt war.

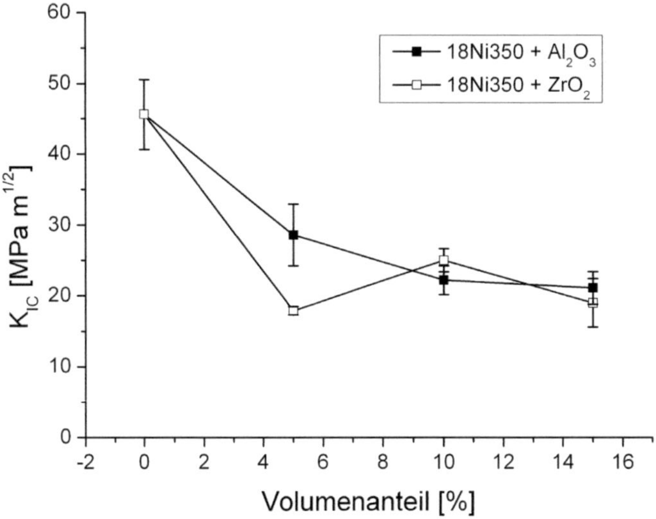

Abbildung 7-49 Bruchzähigkeit der 18Ni350 Varianten mit eingezeichneter Standardabweichung

Die Untersuchungen der Bruchflächen zeigen trotz der ähnlichen Messwerte der beiden Partikelsorten ein unterschiedliches Erscheinungsbild. Bei Varianten mit ZrO_2-Partikeln liegen diese meist noch in den Waben, die sich drum herum gebildet haben (Abbildung 7-50, Abbildung 7-52). Bei Proben mit Al_2O_3-Partikeln sind oft nur noch die Plätze erkennbar, in denen die Partikel lagen (Abbildung 7-51, Abbildung 7-53). Dies bestätigt die schlechtere Anbindung des Al_2O_3, wie es sich schon bei den Aufnahmen der Härteeindrücke gezeigt hat. Auch das Erscheinungsbild der Bruchflächen unterscheidet sich bei einigen Varianten. Besonders auffällig war dies bei Varianten mit 5 Vol. % Partikelanteil: Hier weist die Bruchfläche auf einen Spaltbruch hin (Abbildung 7-52), während die Bruchfläche der Probe mit 5 Vol. % Al_2O_3 einen deutlich höheren Anteil an duktilem Wabenbruch aufweist (Abbildung 7-53).

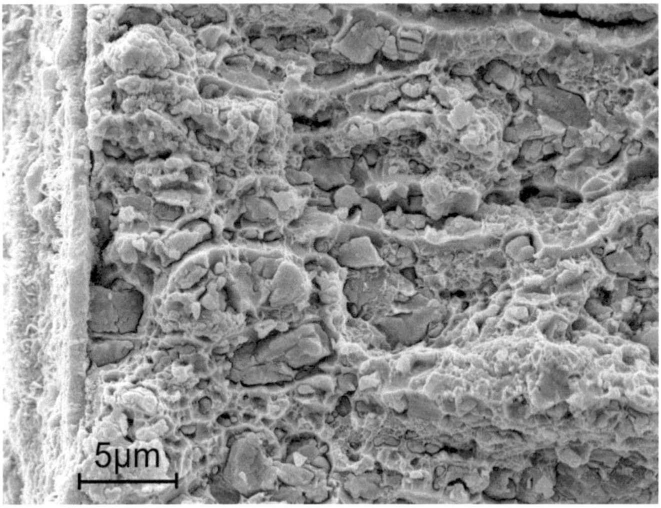

Abbildung 7-50 Bruchfläche 18Ni350 + 15 Vol. % ZrO2; x10k; links die Kerbe

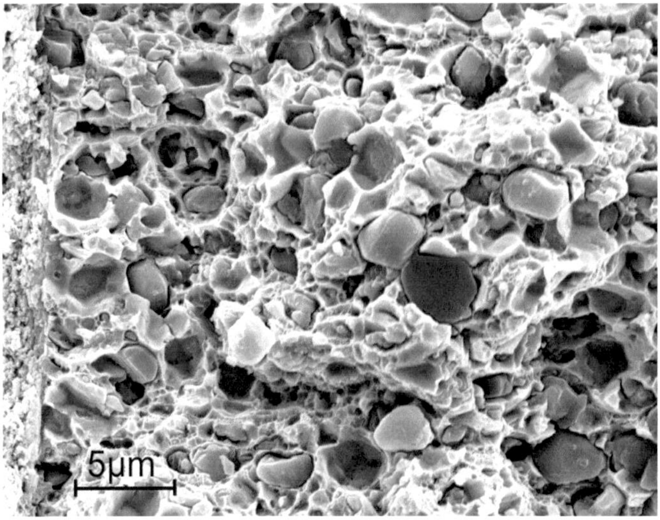

Abbildung 7-51 Bruchfläche 18Ni350 + 15 Vol. % Al2O3; x10k; links die Kerbe

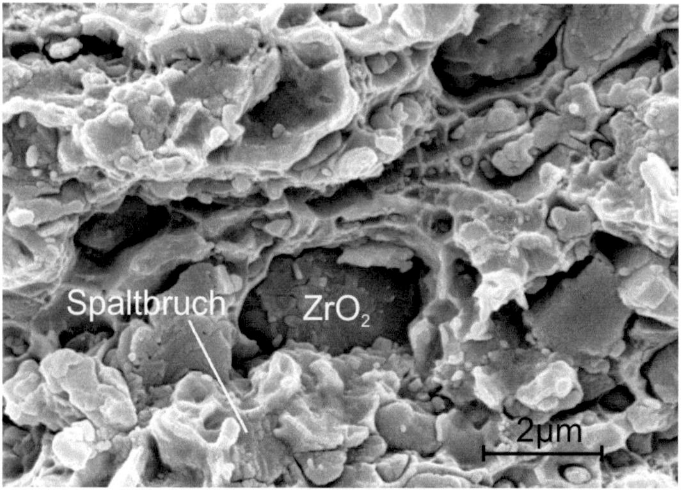

Abbildung 7-52 Bruchfläche 18Ni350 + 5 Vol. % ZrO2; x30k

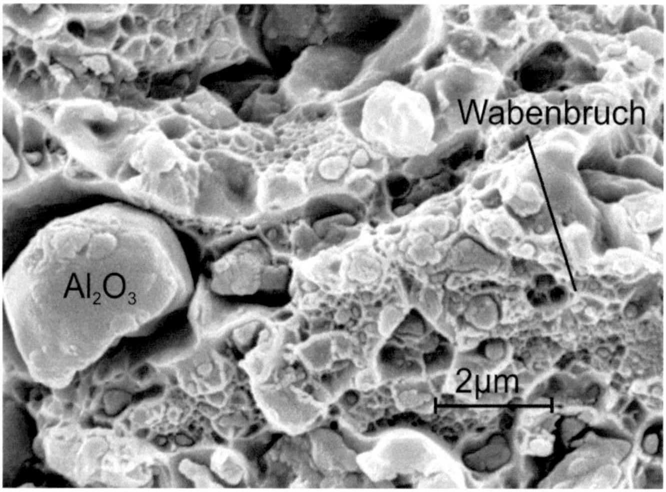

Abbildung 7-53 Bruchfläche 18Ni350 + 5 Vol. % Al2O3; x30k

7.8 Diskussion 18Ni350

Da der Stahl 18Ni350 ein komplexes, fein abgestimmtes Legierungssystem ist, war die Kompatibilität des Stahls mit den Hartstoffen ein entscheidender Faktor für die Auswahl geeigneter Werkstoffkombinationen. Es zeigte sich, dass der Stahl empfindlich auf Kohlenstoff-verunreinigungen reagiert, die dazu führen, dass das im Stahl enthaltene Molybdän und Titan zu Karbiden reagiert und später nicht mehr für die Ausscheidungsreaktionen zur Verfügung steht [17]. Durch die verwendeten Graphitwerkzeuge im FAST- Prozess waren Kohlenstoffverunreinigungen auch bei den hier untersuchten Proben nicht auszuschließen. Wie Abbildung 7-54 zeigt, konnte aber ein über die Randschicht hinausgehender Einfluss auf das Ausscheidungsverhalten und damit auf die Härte vermieden werden. Auch eine Abschätzung mit Hilfe der Gleichungen 6.1 und 6.2 ergibt für den hier verwendeten FAST-Prozess (1150 °C, 3 min) eine Diffusionstiefe von 54 µm. Diese Randschicht wurde, wie bereits beschrieben, bei der Präparation entfernt.

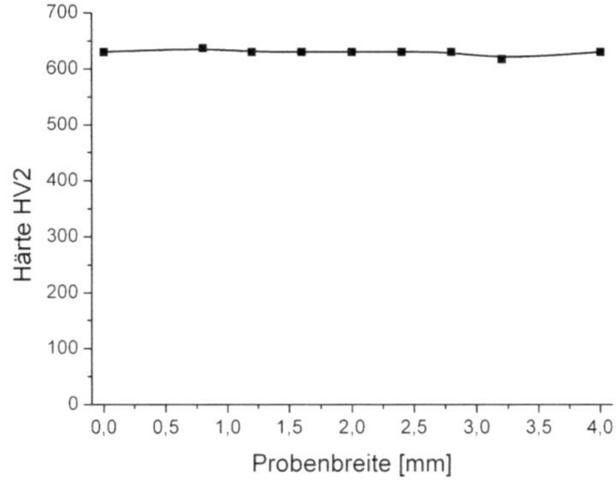

Abbildung 7-54 Härtewerte über den Querschnitt einer FAST-Probe

Beim mechanischen Legieren der Pulvermischungen steigt der Sauerstoffgehalt von 0,08 auf 0,24 Ma. % im Pulver an. Das im Stahl enthaltene Titan hat eine sehr hohe Sauerstoffaffinität, wodurch beim mechanischen Legieren und auch während des FAST- Prozesses TiO_2 entsteht. Bei einer vollständigen Umwandlung des zusätzlichen Sauerstoffs zu TiO_2 würden 0,5 Ma. % Titan gebunden, was einem Drittel des gesamten Titangehalts in der Matrix entspricht.

Das durch die Reaktion zu TiO_2 gebundene Ti steht später während der Auslagerung nicht mehr für die Ausscheidungsbildung (Ni_3Ti, s. Kap. 2.2.1) zur

Verfügung. Dadurch kann die geringere Härtesteigerung nach der Auslagerung erklärt werden. Die Zugabe von Titan in Form von TiH_2 löst dieses Problem.

Die gezeigte schlechtere Pressbarkeit der Al_2O_3- haltigen Varianten im Vergleich zu den Varianten mit ZrO_2 könnte zum einen auf die etwas breitere Partikelgrößenverteilung des ZrO_2- haltigen Pulvers zurückzuführen sein (Abbildung 7-3), andererseits könnte auch die Anbindung der unterschiedlichen Keramikpartikel einen Einfluss haben. Die Al_2O_3- Partikel erscheinen deutlich bei ca. 3 µm in der Partikelgrößenverteilung, während die ZrO_2- Partikel nicht klar auszumachen sind. Dies ist damit zu erklären, dass die Al_2O_3- Partikel größtenteils noch einzeln vorliegen, während die ZrO_2- Partikel durch das mechanische Legieren an den Stahlpartikeln haften. Daraus resultierende Unterschiede in der Partikelmorphologie und unterschiedliche Reibung kann für die unterschiedlichen Presseigenschaften der Pulver verantwortlich gemacht werden. Während der Aufheizung kommt es innerhalb der stark kaltverformten Stahlpartikel zur Rekristallisation. Dadurch wird die Duktilität des Ausgangsmaterials wiederhergestellt und plastisches Fließen führt zu einer deutlichen Verdichtung. Durch den Anstieg der Dichte steigt die Anzahl der Partikelkontakte und damit sinkt die Spannung in den einzelnen Kontakten. Eine weitere Verdichtung kann dann nur noch durch langsamere Kriech- oder Diffusionsprozesse ablaufen [9].

Bei der Verdichtung der Al_2O_3- Varianten mit TiH_2- Zusatz blieben einige große Poren im Gefüge zurück, die auf die über die Probe integrierte Dichte keinen erkennbaren Einfluss hatten. TiH_2 wurde anstelle von reinem Titan verwendet, um bei den sehr kleinen Teilchengrößen und beim mechanischen Legieren eine Reaktion mit Luftsauerstoff zu verhindern. Der bei der Aufheizung entweichende Wasserstoff könnte für diese Makroporen verantwortlich sein, da durch die schnelle Aufheizung in der FAST- Anlage ein Porenabschluss schon vor der vollständigen Ausgasung denkbar ist. In diesem Fall sollten die Poren auch bei ZrO_2- haltigen Proben auftreten, da diese sogar etwas früher Verdichten als Al_2O_3- haltige Varianten. Dies war aber nicht der Fall. Um die Porenbildung zu vermeiden, wurden zudem Versuche gemacht, bei denen während der Verdichtung zusätzliche Haltestufen bei 600 °C und 800 °C eingebaut wurden, die den Wasserstoff vor dem Porenabschluss entfernen sollten. Dadurch konnten die Poren zwar reduziert, aber nicht ganz vermieden werden. Ebenfalls unwahrscheinlich ist eine inhomogene Verteilung des TiH_2- Pulvers, da somit auch eine inhomogene Härteverteilung im Probenquerschnitt meßbar sein müsste. Eine mögliche Erklärung für diese Poren wäre eine mit dem Al_2O_3- Pulver eingebrachte Verunreinigung, die zusammen mit dem TiH_2 während dem Sinterprozess eine Gasbildung verursacht. Es bleibt anzumerken, dass bei einer praktischen Umsetzung der hier entwickelten Werkstoffe dieses Problem durch eine Veränderung der Ausgangszusammensetzung umgangen werden kann.

Auch die Dilatometerkurven zeigen eine gute Kompatibilität der verwendeten Materialien. Für die Betrachtung der Phasenumwandlungen ist zu beachten, dass, wie Abbildung 7-2 zeigt, vor der Glühbehandlung ein erheblicher Anteil an Restaustenit im Gefüge ist, der danach nicht mehr auftritt. Die Umwandlung geschieht in mehreren Abschnitten. Dieser Effekt zeigt sich besonders gut bei der Ableitung der Dehnung nach der Temperatur (Abbildung 7-55). Die erste Verminderung der Volumenzunahme (ab ca. 500 °C) markiert die Bildung der Ausscheidungen Ni_3Ti, Ni_3Mo und Fe_2Mo. Erst danach, bei 550 °C und 650 °C, erfolgt die Umwandlung von Martensit zu Austenit in den bereits erwähnten zwei Stufen. Diese stufenweise Umwandlung kann durch zwei unterschiedliche Vorgänge hervorgerufen werden. Servant [68] erklärt dieses Phänomen mit einer Aufteilung der Stahlmatrix in nickelarme und nickelreiche Gebiete durch die Bildung der Nickelausscheidungen. Da Nickel einen starken Einfluss auf die Umwandlungstemperaturen hat, wandeln nickelreiche Gebiete früher um als solche mit weniger Nickel (Abbildung 7-57). Eine andere Erklärung ist, dass die Umwandlung sich in zwei unterschiedlichen Umwandlungsmechanismen vollzieht. Kapoor et. al [69] beschreiben den ersten Teil der Umwandlung als diffusionskontrolliert und den zweiten Teil als eine Umwandlung durch Scherbewegung im Gitter ähnlich der Martensitbildung. Alle hier

beschriebenen Umwandlungsschritte treten auch bei hartstoffhaltigen Varianten auf. Unterschiede zeigen sich in der leicht veränderten Ausscheidungsbildung der ZrO_2-haltigen Dispersionswerkstoffe.
Die Aufteilung in zwei Stufen bei der Abkühlung (Abbildung 7-16) kann nicht durch Unterschiede im Nickelgehalt hervorgerufen werden, da anzunehmen ist, dass das Glühen bei 900 °C die Ausscheidungen wieder auflöst und die Probe homogenisiert wird. Allerdings zeigt das Phasendiagramm Fe- Ni für den Bereich von 19 % Ni eine weitere Phase ($FeNi_3$, Abbildung 7-56). Der erste, kleinere Sprung könnte folglich auf die Bildung der $FeNi_3$- Phase zurückgeführt werden, während der zweite Sprung die diffusionslose Martensitbildung widerspiegelt. Erwartungsgemäß wird durch die Erhöhung des Ti- Gehalts die Martensitstarttemperatur herabgesetzt (Abbildung 7-58). Durch eine Optimierung des Titangehalts könnte dieser Effekt aber vermieden werden.
Die Hysterese der Umwandlungstemperatur zwischen der Aufheizung (ca. 650 °C) und der Abkühlung (ca. 150 °C) ermöglicht erst die Ausscheidungsbildung im Martensit bei den notwendigen Temperaturen von ca. 500 °C, ohne dass es zu einer Austenitbildung kommt. Es ist daher wichtig, dass diese Umwandlungstemperaturen nicht zu stark durch die Zugabe der Keramikpartikel und den Prozess beeinflusst werden. Dies ist für alle untersuchten Varianten gegeben.

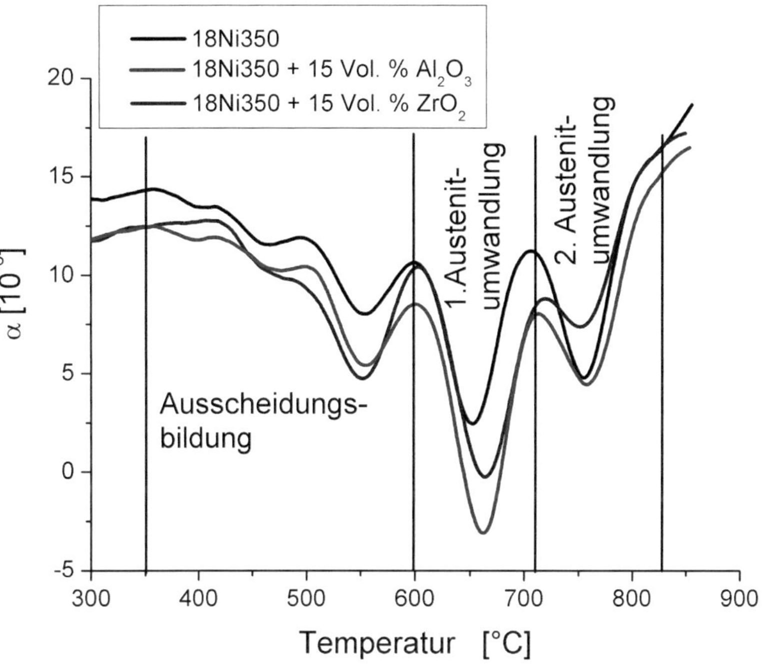

Abbildung 7-55 Ableitung der Dehnung nach der Temperatur während der Aufheizung

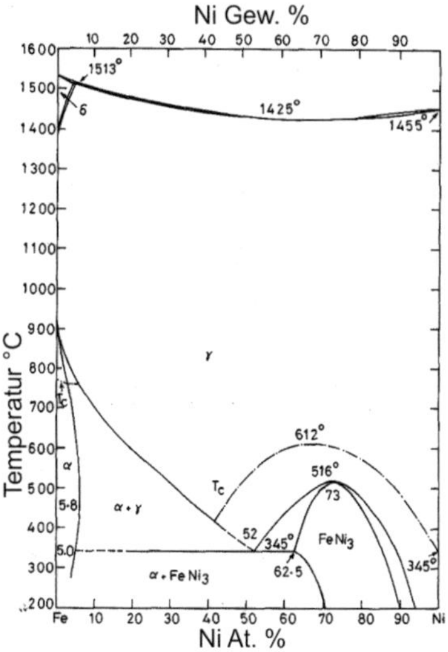

Abbildung 7-56 stabiles Fe- Ni-Phasendiagramm

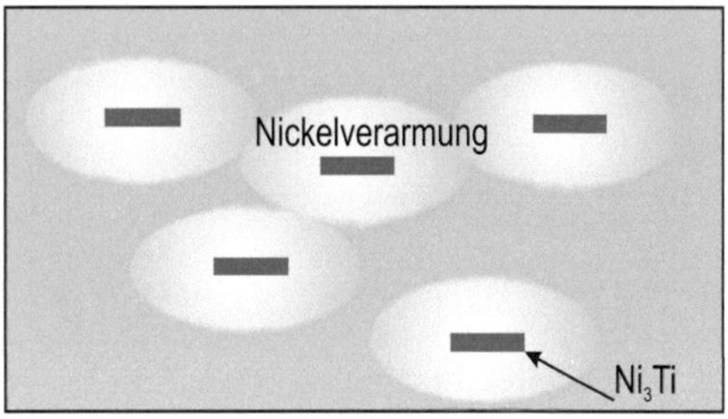

Abbildung 7-57 Modell zur Erklärung der Stufen beim Phasenübergang von Martensit zu Austenit

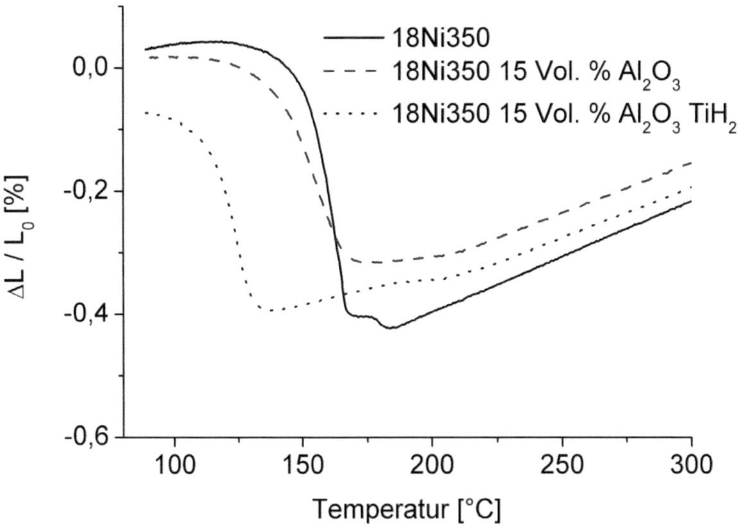

Abbildung 7-58 Martensitumwandlung mit und ohne TiH_2

Härte

Die Härtesteigerung im Stahl wird durch die Bildung von sehr feinen Ausscheidungen der Form Ni_3Ti, Ni_3Mo und Fe_2Mo hervorgerufen. Da dabei das Titan als starker Härtebildner eine bedeutende Rolle spielt, wurde versucht den Gehalt an freiem Titan in der Legierung durch die Zugabe von TiH_2 gleichbleibend hoch zu halten.

Die aus der linearen Mischungsregel zu erwartenden Härtewerte der Kompositmaterialien sind in Abbildung 7-59 zu sehen. Es ist zu erkennen, dass durch die geringere Härte von ZrO_2 auch die zu erwartende Härte des Kompositmaterials gering ist. Allerdings sind hier Effekte, wie z. B. durch die Kornfeinung oder thermisch erzeugte Eigenspannungen, nicht berücksichtigt. Die Härte der Varianten mit Al_2O_3 und ZrO_2 unterscheidet sich vor allem bei Varianten mit 10 und 15 Vol. %. Die unterschiedliche Härte lässt sich durch verschiedene Ursachen erklären. Zum einen ist die Härte des ZrO_2 im Vergleich zum Stahl nicht wesentlich höher, wodurch auch die zu erwartende Härtesteigerung geringer ist als durch Al_2O_3 (Abbildung 7-59). Des Weiteren ist der Unterschied des thermischen Ausdehnungskoeffizienten zwischen 18Ni350 ($12 \cdot 10^{6}$ K^{-1}) und Al_2O_3 ($8 \cdot 10^{6}$ K^{-1}) größer als der zu ZrO_2 ($10 \cdot 10^{6}$ K^{-1}). Dadurch sind auch die zu erwartenden Eigenspannungen größer. Es ist auffällig, dass mit zunehmendem ZrO_2- Gehalt die Härte nur minimal zunimmt. Dies ist damit zu erklären, dass mit zunehmendem ZrO_2-Gehalt auch der Einfluss auf die Ausscheidungsbildung zunimmt, wodurch der ideale Aushärtungszustand im Stahl und somit auch die maximale Härte nicht erreicht werden (Abbildung 7-60).

Die in Abbildung 7-55 erkennbare Ausscheidungsbildung zwischen 450 °C und 530 °C zeigt bei der Variante mit ZrO_2 einen steileren Abfall als die anderen Varianten, was auf eine starke Ausscheidungsreaktion hinweist. Dies ist auch in der sehr schnellen Überalterung dieser Varianten wieder zu erkennen. Um das dadurch entstehende Überaltern zu vermeiden, wurde die Auslagerungstemperatur auf 490 °C herabgesetzt. Die Ursache für diese schnellere Ausscheidungsbildung könnte auch in einer chemischen Beeinflussung der Legierung liegen, da auch bei 490 °C Auslagerungstemperatur mit zunehmenden

ZrO_2- Gehalt der Zeitpunkt der maximalen Härte zu kürzeren Auslagerungszeiten verschoben wird (Abbildung 7-60). Im Stahl gelöste Zr- Atome setzen die Löslichkeit anderer Legierungsatome herab und begünstigen dadurch eine Ausscheidungsreaktion. Durch eine solche Reaktion des ZrO_2 mit dem Stahl wäre auch die sehr gute Anbindung der Partikel an die Stahlmatrix zu erklären, wie sie bei den REM- Aufnahmen der Härteeindrücke zu erkennen ist (Abbildung 7-25). Die Risse innerhalb der Partikel bei ZrO_2- haltigen Varianten lassen auf eine hohe Festigkeit der Grenzschicht zwischen den Partikeln und dem Stahl schließen. Während die Anbindung der Al_2O_3- Partikel deutlich schwächer ist, was sich in den Rissen in der Grenzschicht zeigt (Abbildung 7-23).

Aus den guten Dichteergebnissen der ZrO_2- haltigen Varianten, dem Einfluss auf die Härte und Auslagerungstemperatur und der sehr guten Anbindung bei Varianten mit ZrO_2- Partikeln ist zu schließen, dass es zwischen 18Ni350 und ZrO_2 zu einer Reaktion kommt. Die dabei entstehende Reaktionsschicht führt zu einer sehr guten Anbindung der Partikel, beeinflusst aber die Ausscheidungsreaktion im Stahl. Mit steigendem ZrO_2- Gehalt nimmt die Grenzfläche und damit auch der Einfluss der Reaktionsschicht auf das gesamte Volumen zu.

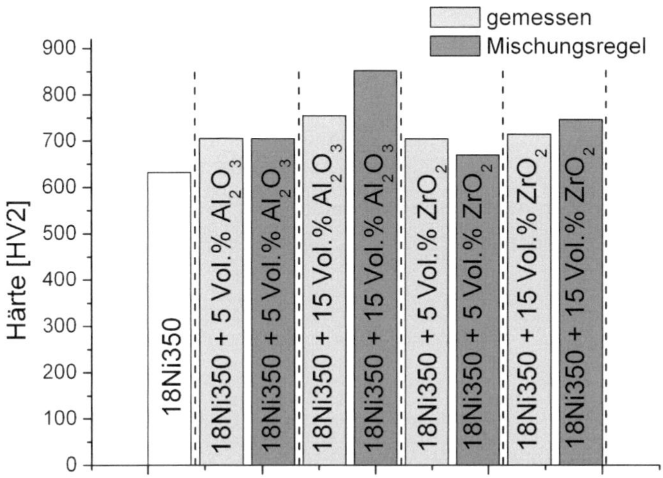

Abbildung 7-59 Vergleich der berechneten und gemessenen Härte

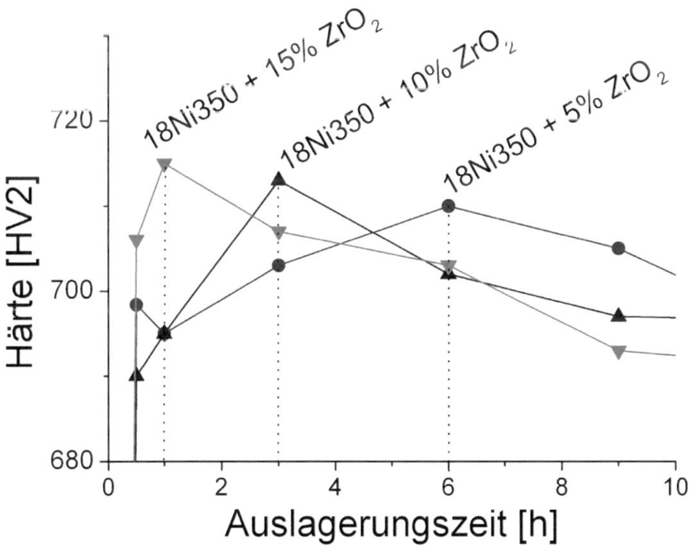

Abbildung 7-60 18Ni350 + ZrO_2 ausgelagert bei 490 °C, der Punkt der höchsten Härte verschiebt sich mit zunehmendem ZrO_2 Gehalt zu kürzeren Zeiten

Tribologische Untersuchungen

Die tribologischen Untersuchungen an den Dispersionsmaterialien zeigen sehr gute Ergebnisse. Al_2O_3- Partikel erhöhen den Verschleißwiderstand deutlich effektiver als ZrO_2- Partikel. Schon 5 Vol. % Al_2O_3 ermöglichen geringere Verschleißwerte als 10 Vol. % ZrO_2 oder der reine 100Cr6 Stahl (Abbildung 7-61). Als Erklärung für den deutlich besseren Verschleißwiderstand kann zum einen die höhere Härte der Al_2O_3-Varianten dienen, zum anderen ist anzunehmen, dass es durch die hohe Hertzsche Pressung im Reibkontakt zu Kaltverschweißungen kommt. ZrO_2 verhält sich in Kontakt mit dem Stahl anders als Al_2O_3. Dies gilt auch für das Verhalten gegenüber dem Reibkörper aus 100Cr6. Somit ist der höhere Abtrag der ZrO_2- Varianten im Vergleich zu den Al_2O_3 Varianten vor allem durch Teilchenausbrüche und infolge dessen durch Abrasion zu erklären.

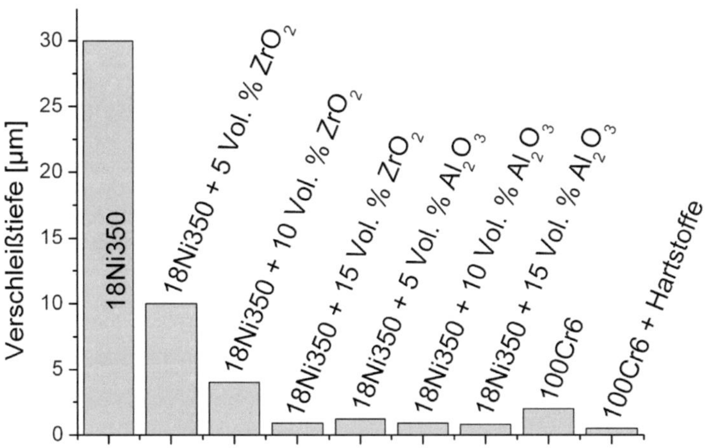

Abbildung 7-61 Vergleich der Verschleißtiefe aller gemessenen Varianten

Zugfestigkeit

In bisher veröffentlichten Untersuchungen zur Zugfestigkeit an P/M- Maraging Stählen konnten mit Hilfe des Heißisostatpressens Festigkeiten erreicht werden, die denen der geschmiedeten Varianten entsprachen. Allerdings konnte nur durch Umformen oder spezielle Wärmebehandlungen [29] eine gute Duktilität hergestellt werden. Hier zeigt sich, dass der FAST- Prozess deutliche Vorteile bietet. Mit einer Festigkeit von 2150 MPa und einer Brucheinschnürung von 24 % können ohne Umformen und mit der Standardwärmebehandlung sehr gute Werte erreicht werden, wenn auch die Duktilität nicht ganz das Niveau der geschmiedeten Varianten erreicht. Dies deutet darauf hin, dass, wie schon in anderen Untersuchungen gezeigt wurde [50], der direkte Stromdurchgang eine Reinigung der Partikeloberfläche bewirkt. Auch die REM- Aufnahme der Bruchoberfläche zeigt einen überwiegend transkristallinen Bruch, was ebenfalls auf belastbare Korngrenzen schließen lässt.

Bei einer Zugabe von 5 Vol. % Keramikpartikeln steigt die Festigkeit sowohl mit Al_2O_3 als auch mit ZrO_2 leicht an. Die eingelagerten Keramikpartikel bewirken zum einen eine Kornfeinung, andererseits entstehen durch die Differenz der thermischen Ausdehnungskoeffizienten Eigenspannungen und eine erhöhte Versetzungsdichte, was ebenfalls zu einer Verfestigung führt.

Eine Erhöhung des Keramikanteils auf 10 bzw. 15 Vol. % bewirkt ein Absinken der Festigkeit, da die innere Kerbwirkung zu groß wird und somit lokal die Festigkeit früher überschritten wird.

Bei der Betrachtung des E- Moduls fällt auf, dass der Anstieg durch die Zugabe von ZrO_2 höher ausfällt, als dies nach der Mischungsregel zu erwarten wäre. Da der E-Modul von ZrO_2 nur wenig über dem von Stahl liegt, ist auch nur ein moderater Anstieg auf 179 GPa bei 15 Vol. % zu erwarten. Bei Al_2O_3- Dispersionswerkstoffen stimmen die gemessenen Werte besser mit den berechneten überein und die Proben mit 10 und 15 Vol. % bleiben sogar etwas darunter (Abbildung 7-62). Die Erklärung dafür liegt in der schlechteren Anbindung der Al_2O_3 Partikel. Dadurch kann ein Teil der Al_2O_3 Partikel keinen Beitrag zur Steifigkeit leisten, die sehr gut angebundenen ZrO_2- Partikel hingegen schon. So ist auch der stärkere Abfall der Festigkeit bei 10 und 15 Vol. % Al_2O_3 zu erklären.

Die REM- Aufnahmen der Bruchflächen zeigen, dass der Stahl sich um die eingelagerten Keramikpartikel verformt, so dass trotz der fehlenden makroskopischen Verformung eine Wabenstruktur entsteht, bei der die Keramikpartikel in den Waben liegen. Auch hier ist zu erkennen, dass die Al_2O_3- Partikel zum Teil lose auf der Stahlmatrix aufliegen, wobei die ZrO_2- Partikel noch gut an die Stahlmatrix angebunden sind.

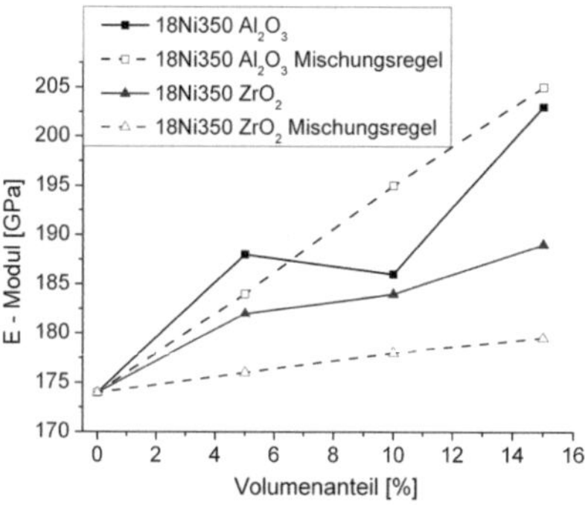

Abbildung 7-62 Vergleich des gemessenen E- Moduls mit den aus der Mischungsregel berechneten Werten

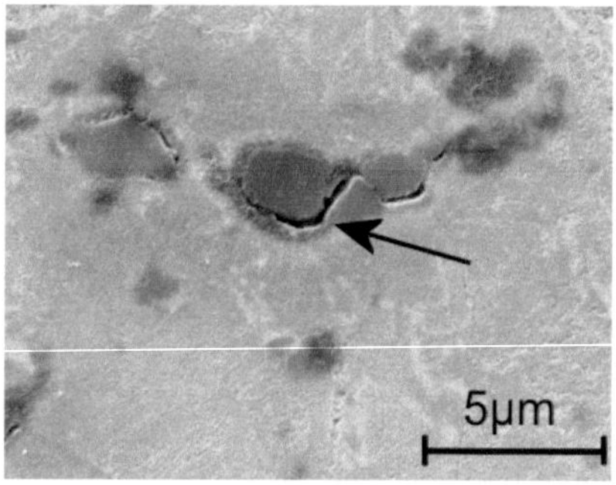

Abbildung 7-63 Grenzflächenablösung beim Zugversuch

Bruchzähigkeit

Die Messungen der Bruchzähigkeit zeigen speziell für pulvermetallurgisch hergestellte Varianten sehr gute Ergebnisse. Das Verhältnis aus Bruchzähigkeit und Festigkeit beim unverstärkten 18Ni350 ist vergleichbar mit geschmiedeten Varianten [22] (Abbildung 7-64) und liegt deutlich über dem von kohlenstoffhaltigen Stählen [24] (Abbildung 2-12).

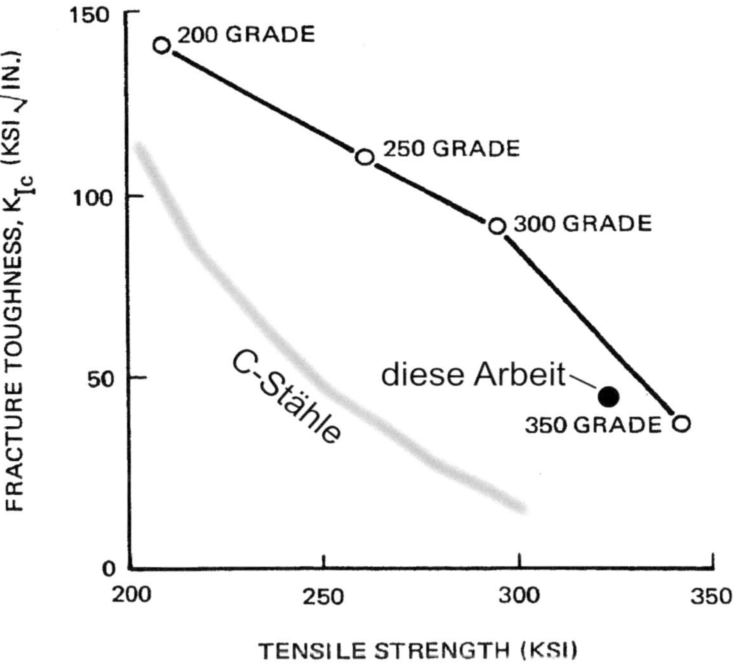

Abbildung 7-64 Zusammenhang von Festigkeit und Bruchzähigkeit bei geschmiedeten Maraging Stählen [22] im Vergleich zu der hier hergestellten PM- Variante

Wie anhand der Ergebnisse der Zugversuche zu erwarten war, sinkt die Bruchzähigkeit mit zunehmendem Partikelgehalt ab. Allerdings bleiben die Werte noch auf einem guten Niveau. Die Anbindung und die Art der Partikel spielen für die Bruchzähigkeit keine Rolle, da die Bruchzähigkeit der Verstärkungsmaterialien deutlich unter der des Stahls liegt. Daher sind auch ähnliche Werte für die Varianten mit jeweils 10 und 15 Vol. % ZrO_2 und Al_2O_3 zu erwarten. Der niedrige Wert der Variante mit 5 Vol. % lässt sich durch einen Unterschied in der Wärmebehandlung erklären. Da die ZrO_2- Proben alle für 3 h bei 490 °C ausgelagert wurden, hatten die Proben mit 5 Vol. % ihre maximale Härte noch nicht erreicht (Abbildung 7-60). Vor allem für pulvermetallurgisch hergestellte Maraging Stähle wird aber die optimale Duktilität und damit auch Bruchzähigkeit erst bei maximaler Härte oder sogar bei leichter Überalterung erreicht (Abbildung 7-65, [29]). Dadurch ist der große Spaltbruchanteil der Bruchflächen von Proben mit 5 Vol. % zu erklären (Abbildung 7-52). Die Proben mit 5 Vol. % Al_2O_3 hingegen haben nach dieser Auslagerungszeit bereits ihre maximale Härte und damit auch eine gute Duktilität erreicht. Hier zeigt die Bruchfläche einen deutlich höheren Anteil an Wabenbruch als bei der ZrO_2-Variante (Abbildung 7-53).

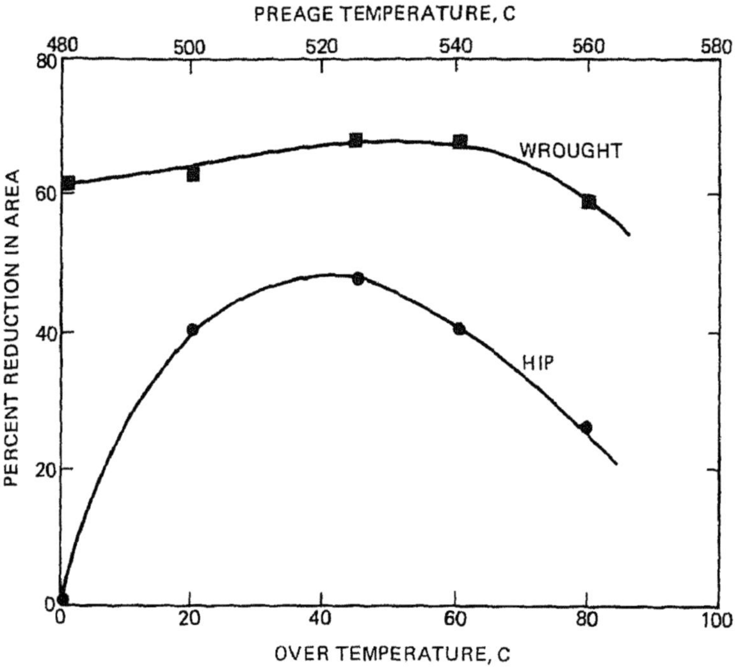

Abbildung 7-65 Zusammenhang zwischen der Zähigkeit und Wärmebehandlung nach [29]

8 Zusammenfassung

In der vorliegenden Arbeit wurden Dispersionswerkstoffe auf Basis der beiden Stahlsorten 100Cr6 und Maraging Stahl 18Ni350 mit Hartstoffgehalten zwischen 0 und 15 Vol. % untersucht. Als Verstärkungsphase wurden Partikel aus den Materialien TiC, WC und ZrO_2 bei 100Cr6 eingesetzt. In Kombination mit 18Ni350 wurde ZrO_2 und Al_2O_3 verwendet. Die Konsolidierung erfolgte mit Hilfe der noch jungen Field Assisted Sintering Technology (FAST), die niedrige Prozesstemperaturen und kurze Prozesszeiten ermöglicht.

Verdichtung

Die Anwendung der Field Assisted Sintering Technology (FAST) zeigt bei der Verdichtung der in dieser Arbeit verwendeten Materialien deutliche Vorteile im Vergleich zu konventionellen Sinterverfahren. Die erreichte Dichte war bei allen Varianten über 98 % der th. Dichte. Dies wurde bei Proben auf Basis von 100Cr6 bei einer Temperatur von 1120 °C und 5 min Haltezeit erreicht; bei 18Ni350 als Matrixwerkstoff wurde die Temperatur auf 1150 °C erhöht (3 min Haltezeit). Die Unterschiede zwischen reinem Matrixmaterial und Dispersionswerkstoffen waren jeweils gering. Die höchsten Dichten wurden bei beiden Matrixmaterialien mit ZrO_2-Dispersoiden erreicht. Dabei steigt die relative Dichte mit zunehmendem ZrO_2-Gehalt. Bei der Kombination aus 100Cr6 und WC zeigen sich deutlich die Vorteile des FAST-Prozesse. Sowohl beim konventionellen Sintern als auch bei HIP (1150 °C) reagieren die beiden Komponenten stark miteinander. Durch FAST kann die Sintertemperatur und Prozesszeit so niedrig gehalten werden, dass eine Reaktion größtenteils vermieden wird. Allerdings sind auch hier an einigen Partikeln im Gefüge erste Anzeichen einer Reaktion des WC mit der Stahlmatrix zu erkennen.

Mechanische Eigenschaften

Durch die Zugabe der Dispersoide konnte die Härte deutlich gesteigert werden. Verbundwerkstoffe auf Basis des 100Cr6 zeigten mit TiC die größte Härtesteigerung. Im bainitischen Zustand ließ sich mit 15 Vol. % TiC eine Härte von 846HV2 erreichen, was im Vergleich zur reinen Matrix einer Steigerung von 17,5 % entspricht. Auch mit 18Ni350 als Matrixmaterial zeigte sich eine gute Härtesteigerung. Allerdings kam es im Herstellungsprozess der Verbundwerkstoffe zu einer Erhöhung des Sauerstoffgehalts im Material, wodurch die zur Härtung notwendige Ausscheidungsreaktion nicht mehr ausreichend stattfand. Diese konnte durch eine Erhöhung des Titangehalts wieder hergestellt werden.

Bei der Aushärtung fiel zudem auf, dass durch die Zugabe von ZrO_2 die Ausscheidungsreaktion beschleunigt wird. Dieser Effekt nimmt mit steigendem ZrO_2 Gehalt zu. Daher wurde die Auslagerungstemperatur für Varianten mit ZrO_2 um 20 K auf 490 °C abgesenkt.

Die Zugfestigkeit des unverstärkten 18Ni350 ist mit 2150 MPa sehr hoch und reicht an die Werte geschmiedeter Varianten heran. Dabei tritt noch eine Bruchdehnung von fast 3 % auf. Durch die Zugabe von 5 Vol. % Keramikpartikeln (sowohl ZrO_2 als auch Al_2O_3) lässt sich die Festigkeit leicht erhöhen. Allerdings geht dabei die Duktilität stark zurück. Bei einer weiteren Erhöhung des Partikelanteils nimmt die Festigkeit stark ab und der Bruch erfolgt ohne erkennbare plastische Dehnung. Die Messungen der Risszähigkeit bestätigten die sehr guten Ergebnisse in Bezug auf Härte und Zugfestigkeit. Allerdings fiel auch hier die Risszähigkeit von 45 MPa$\sqrt{m}$ für den reinen 18Ni350 auf 19 MPa$\sqrt{m}$ für 15 Vol. % ZrO_2. Durch den Einfluss des ZrO_2 auf die Ausscheidungsreaktion im 18Ni350 kam es bei einem Gehalt von 5 Vol. % ZrO_2 zu einer besonders niedrigen Risszähigkeit von nur 17 MPa$\sqrt{m}$.

In den Messungen zur Härte und Zugfestigkeit zeigte sich, dass die Anbindung der ZrO_2- Partikel deutlich besser ist als die der Al_2O_3- Partikel. Dies spricht zusammen mit der Dichtesteigerung der ZrO_2- Partikeln, und der Veränderung des Auslagerungsverhaltens für eine Reaktion zwischen der 18Ni350 Matrix und den ZrO_2- Partikeln.

Tribologie

Der entscheidende Vorteil dieser Partikelverstärkung offenbart sich durch die Messung des Verschleißes. 100Cr6 bietet schon im unverstärkten Zustand einen sehr guten Verschleißwiderstand und wird daher oft als Wälzlagerstahl eingesetzt. Durch die Zugabe der Partikel lässt sich der Verschleiß soweit reduzieren, dass er unter den gewählten Versuchsbedingungen kaum messbar ist (<1 µm). Der Matrixstahl 18Ni350 ist unverstärkt wenig für Reibbeanspruchungen geeignet. Die Effektivität mit der die beiden Partikelsorten den Reibverschleiß verbessern, ist deutlich unterschiedlich. Schon bei einer Zugabe von 5 Vol. % Al_2O_3 reduziert sich der Verschleiß auf ein Zehntel des reinen Matrixmaterials. Durch eine Steigerung auf 15 Vol. % kann auch hier der Verschleiß <1 µm gehalten werden. Die Proben mit ZrO_2 zeigen stets einen höheren Verschleiß als vergleichbare Al_2O_3- Varianten.

Bester Kompromiss – Empfehlung

Aus den dargestellten Ergebnissen lässt sich erkennen, dass die Kombination aus 18Ni350 Maraging Stahl und 5 Vol. % Al_2O_3 einen sehr guten Kompromiss im Hinblick auf die untersuchten Eigenschaften bietet. Obwohl die Duktilität im Vergleich zum reinen Matrixmaterial abnimmt, ist die Risszähigkeit immer noch sehr gut. Die Zugfestigkeit lässt sich sogar leicht steigern und ist die höchste aller gemessenen Varianten. Bei einem Gehalt von nur 5 Vol. % Al_2O_3 weist das Material bereits ähnlich gute Verschleißwerte wie 100Cr6 und deutlich bessere als die Variante mit 5 Vol. % ZrO_2 auf. Für Anwendungen, in denen minimaler Reibverschleiß sehr wichtig ist, kann durch höhere Partikelgehalte dieser weiter reduziert werden. Allerdings geht dies mit deutlichen Verlusten in Bezug auf Festigkeit und Duktilität einher.

1 K. H. Zum Gahr; Wear by Hard Particles; Tribology International; Vol. 31, No. 10, S. 587- 596, 1998

2 W. Schatt; Pulvermetallurgie: Technologien und Werkstoffe. Springer, 2. Edition, 2007

3 R. M. German; Physical Fundamentals of Consolidation; Metals Handbook, Vol. 7, Powder Metallurgy, S. 308- 321, 1984

4 I. Jenkins, J. V. Wood; Powder Metallurgy: An Overview; Institute of Metals, London, 1991

5 H. Salmang, H. Scholze; Keramik; Springer Verlag, 2007

6 R. L. Coble; Sintering Crystalline Solids; Journal of Applied Physics, 32, 787 – 799, 1961

7 W. Schatt; Sintervorgänge; VDI – Verlag, 1992

8 M. F. Ashby; The Modelling of Hot- Isostatic Pressing; Proceedings of the International Conference Lulea, Sweden, S. 29 – 40, 1987

9 A. S. Helle, K. E. Easterling, M. F. Ashby; Hot- Isostatic Pressing Diagrams: New Developments; Acta Metall., Vol. 33, No. 12, S. 2163 – 2174, 1985

10 K. Rohrbach and M. Schmidt, Maraging Steels, ASM Handbook Volume 1, Properties and Selection: Irons, Steels, and High- Performance Alloys, 1990

11 M. Schmidt, K. Rohrbach; Heat Treating of Maraging Steels, ASM Handbook Vol. 4, Heat Treating, Carpenter Technology Corporation, 1990

12 D. Liedtke; Merkblatt 450 Wärmebehandlung von Stahl – Härten, Anlassen, Vergüten; Stahl- Informations- Zentrum,Düsseldorf; 1991

13 A. L. Roitburd, G. V. Kurdjumov; The Nature of Martensitic Transformation; Material Science and Engineering, 39, S. 141 – 167, 1979

14 M. Rao; Progress in Understanding the Metallurgy of 18% Nickel Maraging Steels, International Journal of Materials Research, Vol. 97, S. 1594-1607, 2006

15 I. S. B. G. K. D. Tewari, and S. Banerjee; Precipiation in 18 wt% Ni Maraging Steel of Grade 350, R Acta Materialia, Vol. 48, S. 1187- 1200, 2000

16 U. K. Viswanathan, G. K. Dey, M. K. Asundi; Precipitation Hardening in 350 Grade Maraging Steel, Metallurgical Transactions, 1993, *24A*, S. 2429- 2442

17 G. W. Tuffnell; R. L. C. 18% Nickel 350- Maraging Steel, Transactions of the ASM, 61, S. 798- 806, 1968

18 K. Shimizu and H. Okamoto; TEM Study of Strengthening Precipitates in 18 % Ni Maraging Steel; Trans. Jpn. Inst. Met., Vol. 12, S. 273, 1971

19 Y. He, K. Yang, W. Sha; Microstructure and Mechanical Properties of a 2000 MPa Grade Co- Free Maraging Steel; Metallurgical and Materials Transactions; 36A, 9; Academic Research Library, S. 2273, Sep. 2005

20 H. J. Rack; The Strength and Fracture Toughness of 18 Ni (350) Maraging Steel, D. K. Metallurgical Transactions, Vol. 2, S. 3011- 3020, 1971

21 S. Floreen; A Study of Maraging Steels with Higher Cobalt and Reduced Molybdenum and Titanium Contents; Journal of The Iron and Steel Institute, S. 484 – 489, April 1969

22 C. S. Carter; The Effect of Heat Treatment on Fracture Toughness and Subcritical Crack Growth Characteristics of a 350 Grade Maraging Steel; Metallurgical Transactions, Vol. 1, S. 1551- 1559, 1970

23 U. K. Viswanathan; Effects of Austenite Reversion During Overageing on The Mechanical Properties of 18Ni (350) Maraging Steel; Material Science and Engineering, A398; S. 367- 372, 2005

24 J. C. Hamaker, A. M. Bayer; “Applications des Aciers Maraging” Cobalt, No. 38, S. 3, 1968

25 R. F. Decker, C. J. Novak and T. W. Landig; Developments and Projected Trends in Maraging Steels; Journal of Metals, 19(11), S. 60- 66, 1967

26 T. B. Sercombe; Sintering of Freeformed Maraging Steel with Boron Additions; Materials Science and Engineering A; 363, S. 242- 252; 2003

27 L.F. Van Swam, R. M. Pelloux, N. J. Grant; Properties of Maraging Steel 300 Produced by Powder Metallurgy; 33 (17), S. 33- 45, 1974

28 J. E. Smugeresky, R. M. German; Effect of Titanium Supersaturation on the Ductility of a Rapidly Solidified Powder- Processed Maraging Steel; 4 (17); S. 305 - 316; 1981

29 R. M. German and J. E. Smugeresky; Ductility in Hot Isostatically Pressed 250-Grade Maraging Steel; Metallurgical Transactions A, 1978, 9a, S. 405- 412

30 R. M. German and J. E. Smugeresky; Effect of Hot Isostatic Pressing Temperature on the Properties of Inert Gas Atomized Maraging Steel; Materials Science and Engineering, 36, S. 223- 230, 1978

31 J. S. Hirschhorn and D. A. Westphal; Modern Developments in Powder Metallurgy; Vol. 5, H. H. Hausner, ed., Plenum Press, NY, 1971, S. 481-490

32 J. K. Mukherjee; Sintered Maraging Alloys; International Journal of Powder Metallurgy, Vol. 9, No. 2, 1973

33 V. A. Tracey, R. S. K. Raman; The Mechanical Properties of Some Sintered Maraging Steels; Powder Metallurgy, Vol. 12 (23), 1969

34 J. J. Fischer; The Mechanical Properties of a Sintered 18% Ni- Maraging Steel, Int. Journal of Powder Metallurgy; Vol. 2(4), 1966

35 F. Akhtar, S. J. Guo, K. A. Shah; Effect of Cu_3P Addition on Sintering Behaviour of Elemental Powders in the Composition 465 Stainless Steel, Powder Metallurgy, Vol. 49, No. 1, 2006

36 A. P. Thorpe, T. B. Sercombe, G. B. Schaffer; Sintering of Maraging Steel with phosphorous Additions; Powder Metallurgy, Vol. 48 (1), S. 47-50, 2005

37 E. Snape, F. J. Veltry; The Properties of 18Ni350 Maraging Steel Produced from Elemental and Prealloyed Powder; International Journal of Powder Metallurgy, Vol. 8, Nr. 4, 1972

38 E. Hornbogen; Werkstoffe; Springer- Verlag, 1983

39 M. F. Ashby und D. R. H. Jones; Werkstoffe 2: Metalle, Keramiken und Gläser, Kunststoffe und Verbundwerkstoffe, Spektrum, 2007

40 T. W. Clyne; An Introductory Overview of MMC Systems, Typess, and Developments; ASM Handbook Vol. 11, Composites, 3.01, 2001

41 K. U. Kainer; Metallische Verbundwerkstoffe; Wiley- VCH, 2003

42 J. D. Eshelby; The Determination of an Elastic Field of an Ellipsoid Inclusion, and Related Problems; Proceeding of the Royal Society of London. Series A, Mathematical and Physical Sciences, Vol. 241, No. 1226, S. 376- 396, 1957

43 I. A. Ibrahim, F. A. Mohamed, E. J. Lavernia; Particulate Reinforced Metal Matrix Composites- A Review; Journal of Materials Science, Vol. 26, S. 1137-1156, 1991

44 R. B. Calhoun; Dislocations in Metal Matrix Composites; ASM Handbook Vol. 11, Composites, 3.02, S. 27- 59, 2001

45 J. W. Cahn; Nucleation on Dislocations; Acta Metall., Vol. 5, S. 165-172, 1957

46 D. E. Alman; Properties of Metal Matrix Composites; ASM Handbook Vol. 11, Composites, S. 838 – 858, 2001

47 Z. A. Munir, U. Anselmi- Tamburini, M. Ohyanagi; The Effect of Electric Field and Pressure on the Synthesis and Consolidation of Materials: A Review of Spark Plasma Sintering Method; J. Material Science, Vol. 41, S. 763- 777, 2006

48 Z. Shen, M. Johnsson, Z. Zhao, M. Nygren; Spark Plasma Sintering of Alumina; Journal of the American Ceramic Society, Vol. 85 (8), S. 1921-27, 2002

49 J. G. Santanach, C. Estourne`s, A. Weibel, A. Peigney, G. Chevallier and Ch. Laurent; Spark Plasma Sintering as a Reactive Sintering Tool for the Preparation of Surface-Tailored Fe–$FeAl_2O_4$–Al_2O_3 Nanocomposites; Scripta Materialia, Vol. 60, S. 195- 198, 2009

50 M. Omori; Sintering, Consolidation, Reaction and Crystal Growth by Spark Plasma System (SPS); Materials Science and Engineering; A287, S. 183- 188, 2000

51 D. H. Hulbert, A. Anders, D. V. Dudina, J. Andersson, D. Jiang, C. Unuvar,U. Anselmi- Tamburini, E. J. Lavernia, A. K. Mukherjee; The Absence of Plasma in “Spark Plasma Sintering”; J. of Applied Physics 104, 2008

52 U. Anselmi- Tamburini, J. E. Garay, Z. A. Munir; Fundamental Investigations on Spark Plasma Sintering/Synthesis Process III. Current Effect on Reactivity; Materials Science and Engineering; A407, S. 24- 30, 2005

53 G. L. Burenkov, A. I. Raichenko, A. M. Suraeva; Theory and Technology of Processes of Sintering, Thermal, and Chemicothermal Treatment; Soviet Powder Metallurgy and Metal Ceramics, Vol. 28(3), S. 186- 191, 1989

54 U. Anselmi- Tamburini, S. Gennari, J. E. Garay, Z. A. Munir; Fundamental Investigations on Spark Plasma Sintering/Synthesis Process II. Modeling of Current and Temperature Distribution; Materials Science and Engineering; A394, S. 139- 148, 2005

55 X. Song, X. Liu, J. Xhang; Neck Formation and Self Adjusting Mechanism of Neck Growth of Conducting Powder in Spark Plasma Sintering; Journal of the American Ceramic Society, Vol. 89 (2), S. 494- 500, 2006

56 V. Mamedov; Spark Plasma Sintering as Advanced PM Sintering Method; Powder Metallurgy, Vol. 45, No. 4, 2002

57 W. Chen, U. Anselmi- Tamburini, J. E. Garay, J. R. Groza, Z. A. Munir; Fundamental Investigations on Spark Plasma Sintering/Synthesis Process I. Effect of DC Pulsing on Reactivity; Materials Science and Engineering; A394, S. 132- 138, 2005

58 J. Langer, M. J. Hoffmann, O. Guillon; Direct Comparison Between Hot Pressing and Electric Field Assisted Sinteringof Sub- Micron Alumina; Acta Materialia (57), S. 5454- 5465, 2009

59 F. Wever, A. Rose; Atlas zur Wärmebehandlung der Stahle, Teil 1; Verlag Stahleisen M. B. H., Düsseldorf, 1961

60 G. F. Vandervoort; ASM Handbook, Vol. 9: Metallography and Microstructures, ASM International, 2004

61 H. Schuhmann; Metallographie; Deutscher Verlag für Grundstoffindustrie GmbH; 1990

62 D. Munz, T. Fett; Mechanisches Verhalten Keramischer Werkstoffe; Springer-Verlag, Berlin, 1989

63 L. Ottavi; Phase- Equilibira of the Fe- Ti- B Alloys in the Region Close to Fe-TiB_2; Zeitschrift für Metallkunde, Vol. 83(2), S. 80- 83, 1992

64 T. Gladman, On the Theory of the Effect of Precipitate Particles on the Grain Growth in Metals; Proceedings of the Royal Society of London, Mathematical and Physical Science, Vol. 294, No. 1438, S. 289- 308, 1966

65 P. W. Atkins; Physikalische Chemie; Wiley- VHC; Weinheim, 2002

66 J. Kucera, K. Stransky; Diffusion on Iron, Iron Solid Solutions and Steels; Materials Science and Engineering, 52, S. 1- 38, 1982

67 M. Taya; Strengthening Mechanisms of Metal Matrix Composites; Materials Transactions, JIM, Vol. 32, No. 1, S. 1- 19, 1991

68 C. Servant, P Lacombe; Structural Transformations Produced During Tempering of Fe- Ni- Co- Mo Alloys; Journal of Materials Science, Vol. 12, S. 1807 – 1826, 1977

69 R. Kapoor, I. S. Batra; On the Alpha´ to Gamma Transformation in Maraging (Grade 350), PH 13- 8 Mo and 17- 4 PH steels; Materials Science and Engineering, A371, S. 324- 334, 2004